"创新设计思维"

数字媒体与艺术设计类新形态丛书

大学摄影与摄像教程

第2版 微课版

刘勇◎主编

于众 刘俊兵◎副主编

人民邮电出版社

北 京

图书在版编目（CIP）数据

大学摄影与摄像教程：微课版 / 刘勇主编. -- 2版
. -- 北京：人民邮电出版社，2023.3
（"创新设计思维"数字媒体与艺术设计类新形态丛书）
ISBN 978-7-115-60987-8

Ⅰ. ①大… Ⅱ. ①刘… Ⅲ. ①数字照相机－摄影技术
－高等学校－教材②数字控制摄像机－拍摄技术－高等学校－教材 Ⅳ. ①TB86②TN948.41

中国国家版本馆CIP数据核字(2023)第030659号

内 容 提 要

本书全面、细致地讲解了摄影与摄像的基础知识和实用技巧。全书共10章，包括摄影器材的基础知识、数码单反相机的快速使用方法、产品摄影、人像摄影、建筑摄影、新闻摄影、数码影像的后期处理、视频拍摄、手机摄影与短视频拍摄以及摄影前沿知识。

本书内容简明易懂，示例丰富，实用性强。本书提供了微课视频，读者扫描书中二维码即可观看。本书可作为各类院校摄影基础相关课程的教材，也可供广大摄影爱好者学习使用，还可作为摄影从业人员的参考用书。

◆ 主　编　刘勇
副主编　于　众　刘俊兵
责任编辑　韦雅雪
责任印制　王　郁　陈　犇
◆ 人民邮电出版社出版发行　北京市丰台区成寿寺路 11 号
邮编　100164　电子邮件　315@ptpress.com.cn
网址　https://www.ptpress.com.cn
北京捷迅佳彩印刷有限公司印刷
◆ 开本：787×1092　1/16
印张：10.75　2023 年 3 月第 2 版
字数：223 千字　2025 年 1 月北京第 5 次印刷

定价：69.80 元

读者服务热线：(010)81055256　印装质量热线：(010)81055316
反盗版热线：(010)81055315
广告经营许可证：京东市监广登字 20170147 号

前　言

摄影技术从诞生至今，虽只有 200 年左右的历史，但由于具有实用性和艺术性，得到了广泛应用和迅速发展。今天，影像已成为人们在工作与生活中进行信息传递的重要媒介。很难想象，如果没有影像，我们的生活会是什么样子。没有图片的报纸你愿意读吗？在没有图片的购物网站上，你能选到合适的商品吗？

除了本身是一门严谨的学科外，摄影还是其他学科不可或缺的研究手段，电化教育、新闻传播、视觉传达、产品设计等众多专业均开设了摄影课程。党的二十大报告中提到："教育、科技、人才是全面建设社会主义现代化国家的基础性、战略性支撑。"我们编写这本教材就是为了适应高等院校的教学需求，并针对艺术专业学生的专业特点，以美术学为前提来介绍摄影器材、产品摄影、人像摄影、建筑摄影等内容，帮助院校培养艺术领域的优秀人才。本书第 1 版于 2017 年出版，得到了众多读者的喜爱与支持。本书第 2 版在第 1 版的基础上，广泛听取了读者和同行的建议，主要做了如下改进。

（1）强化实训，为多章增加了"本章实践指导"，可供读者在课外实践时使用。

（2）录制了微课视频，支持混合式教学。

（3）将"手机摄影技巧"一章改为"手机摄影与短视频拍摄"，丰富了相关内容，对手机短视频拍摄的特点与要求进行了强调，将已停运的"VUE"手机视频剪辑软件的相关内容更换为当下更受欢迎的"剪映"手机视频剪辑软件的相关内容。

（4）增加了"摄影前沿知识"一章，对人工智能摄影和无人机摄影进行简单介绍，帮助读者拓宽视野。

（5）修改了部分不足内容，更换了较多图片。

（6）新增教学教案、各章思维导图、作品库等配套资源，方便教师进行教学。

本书的第 1 章（摄影器材的基础知识）与第 2 章（数码单反相机的快速使用方法）为摄影通识部分，包含学习摄影必须掌握的一些基础知识与方法，建议读者用 8 学时完成。第 3 章（产品摄影）与第 4 章（人像摄影）介绍了影棚闪光灯的基础使用知识，包含读者在影棚实践中需要掌握的基本摄影语言与创作技巧，建议读者用 10 学时完成。第 5 章（建筑摄影）与第 6 章（新闻摄影）的内容，读者可根据喜好选择性地学习，建议用 4 学时完成。第 7 章（数码影像的后期处理）与第 8 章（视频拍摄）介绍数码摄影区别于胶片摄影的核心知识点，读者应该重点掌握，建议用 10 学时完成。第 9 章（手机摄影与短视频拍摄）与第 10 章（摄影前沿知识）是根据读者的学习热点所编写的，建议用 6 学时完成。

本书主要具有如下特色。

（1）面向初学者，内容简明易懂，图片示例大都配有具体的参数说明，零基础学习无压力。

（2）体系设计合理，紧跟热点，包含从摄影到摄像，从前期到后期，从数码相机到手机的相关内容，并涵盖了短视频拍摄、人工智能摄影、无人机摄影等热点。

（3）注重实训，部分章节配有详细的实践指导方案，所介绍的摄影器材和技术与大多数读者的经济能力相适应，以便读者理解并轻松运用。

（4）资源丰富，配套重难点知识微课视频，读者扫描书中二维码即可观看，提供课件、教学大纲、教学教案、各章思维导图、作品库等资源，读者可登录人邮教育社区（www.ryjiaoyu.com），在本书页面中免费下载。

本书由刘勇担任主编，于众、刘俊兵担任副主编。在编写过程中，本书得到了中国摄影家协会会员、新华社签约摄影师曹正平先生长期的技术指导。感谢摄影师陈俊林、阳冬华、彭杨军、陈涛、陈海、漆峪槐以及摄影界的众多朋友为本书提供的精彩范例，同时感谢曾小辉、梁少静同学在本书编写过程中给予的帮助！

编　者

2023 年夏

目 录

第1章

摄影器材的基础知识

本章主要梳理摄影器材的基础知识，包括摄影概述、相机的演变以及数码单反相机的构成部件等。摄影器材种类繁多，相机形态和功能各异，但是大多数相机都有以下几个基本部件：快门、光圈、镜头。

通过本章的学习，读者可以了解结构和功能都比较复杂的数码单反相机，并可以凭借这些知识选择一台适合自己的数码单反相机。

1.1 摄影概述

1.1.1 摄影的概念

摄影是指运用光学成像等科学技术原理，使真实景物在平面上得到影像记录或反映的过程。

常见的摄影工作根据专业领域不同已经有较细的分类，如产品摄影、人像摄影、建筑摄影、新闻摄影，甚至产品摄影已细化出专类产品摄影，如化妆品摄影、珠宝摄影等。摄影是当今时尚领域、图像传媒领域中不可缺少的重要部分，同时，摄影与当下人们的日常生活结合紧密，进入广大家庭的数码相机已成为人们记录人生中重要事件和欢乐时光的重要工具。所以，掌握一些常用的摄影技能与技巧是享受现代生活的必要条件。

1.1.2 摄影技术的发展与运用

早在 18 世纪，欧洲画家们经常被要求创作全景画以用作舞台背景。为了使全景画更加逼真，他们经常使用黑盒子（又名描画器）来观察、记录自然实像。黑盒子就是利用小孔成像的原理得到倒立实像的工具，也就是今天幻灯机的雏形。画家们在复杂而艰苦的劳动中经常想：有没有一种简单的方法能把黑盒子里的影像快速固定下来呢？有没有什么方法能让人不用画笔和颜料就自动再现世间的景色呢？在这样的背景下，有许多艺术家、工程师、化学家都投身于"自动描画器"的研究。

两位法国人在研究过程中取得了突破性的成就。

一位是法国人约瑟夫－尼塞福尔·涅普斯（Joseph－Nicéphore Nièpce）（见图 1-1），他是成功拍摄世界上第一张可永久保存照片的人。从 1793 年起，涅普斯就开始进行用感光材料做永久性保存影像的试验。1825 年的一天，涅普斯在房子顶楼的工作室里，拍摄了世界上第一张可永久保存的照片。他当时的制作工艺是将白蜡涂在铜版上，敷上一层薄沥青，然后利用阳光和原始镜头，拍摄窗外的景色，曝光时间长达 8 小时，再用薰衣草油冲洗，受热变软的黑色沥青被清洗掉，露出白底，没有受热的部分保留了原有沥青的黑色，进而形成了黑白影调，从而获得了第一张可永久保存的照片（见图 1-2）。

图 1-1　约瑟夫－尼塞福尔·涅普斯［法］

在这张照片上，左边是鸽子笼，中间是仓库屋顶，右边是另一建筑物的一角。由于受到长时间的日照，照片的左边和右边都有阳光照射的痕迹。涅普斯把他这种用日光将影像永久地记录在铜版上的摄影方法称作日光蚀刻法，又称阳光摄影法。他的摄影方法比达盖尔早了十几年，实际上他应被称为摄影术的发明者，只是由于涅普斯为保密而一直拒绝公开，也就未被公众承认。

图1-2　涅普斯拍摄的世界上第一张可永久保存的照片

另一位是路易–雅克–芒代·达盖尔（Louis-Jacques-Mandé·Daguerre）（见图1-3），他是法国巴黎歌剧院的美术师，热衷于创作全景画以用作舞台背景，同时也着迷于研究摄影术。从1829年起，达盖尔开始与涅普斯合作，共同研究摄影术。他们分处两地，各自进行试验，并互相函告研究结果。

1837年，达盖尔终于发明了完善的摄影方法——银版法（又称达盖尔法）。达盖尔认为，这项发明的专利权如果归个人私有，那么就永远不会造福社会，只有被国家收购并公布于众，才能靠众人的力量得到推广、应用，才有价值。1839年，法国政府买下了这一发明的专利权，8月在法国科学院和美术学院的联合大会上，公开展示了达盖尔的光学照片。同年8月19日，法国科学院正式公布了银版法的详细内容，达盖尔本人则发表了一本79页的说明书。从此，摄影术公布于世，之后，一种名为达盖尔法相机的照相机开始独占市场。

图1-3　路易–雅克–芒代·达盖尔［法］

达盖尔发明的银版法使摄影作为一种实用可行的方法得以普及，虽然成本较高，但影像质量极佳，如图1-4所示。自公布于世后，银版法便迅速在欧美流传开来，在19世纪50年代的湿版法（又称火棉胶摄影术）出现之前，银版法一直是最主要的摄影术。在达盖尔的方法被公布后的两年时间内，其他人对这一方法进行了一些小的改进，使其更为完善，例如在用作光敏材料的碘化银中加入溴化银。这一微小的改进在减少必需的曝光时间方面

图1-4　《工作室一角》（达盖尔／摄，1837）

起了很重要的作用，使得用摄影术生成图像更为便捷。银版法在摄影史上具有重大意义，它的发明和问世使摄影成为人类除绘画之外保存视觉图像可使用的另一方式，由此开创了人类视觉信息传递的新纪元。我们现在使用的摄影方法虽然不同于银版法，但是即使后来的这些方法没有被发明出来，银版法仍然是一种实用的摄影方法。

银版法的出现，促成了欧洲最早的人像摄影工作室。这个工作室是在 1841 年 3 月 23 日（距银版法被公布仅一年多时间），由英国商人比亚德和一位名叫高达德的科学家共同开设的。开业当天，盛况空前，接待室里挤满了等待用神奇的摄影术拍摄照片的绅士和淑女。当时的相机只能拍摄一种尺寸的照片，曝光时间也相差很大，夏天要 3 秒～2 分钟，冬天则需要 3～5 分钟。这个众人瞩目的人像摄影工作室建在伦敦皇家工艺学校的屋顶上。工作室的屋顶是圆形的，上面镶嵌着透明玻璃。顾客拍照时，要爬上一个高台，坐在高台的椅子上。因为只有这样，顾客才最接近光线条件良好的屋顶。同时，顾客的头部要用铁夹子固定，以免在长时间的曝光过程中晃动。尽管过程极其烦琐，但是摄影仍以其不可抗拒的魅力，迅速地走进了大众的生活，开启了人类影像史的新纪元。

1939 年 12 月，狄奥多·莫里赛创作了石版画《达盖尔法的狂热追随者》（见图 1-5）。石版画上所画的"铜版画家自缢架"，表现了铜版画和肖像画家们面对摄影术的出现产生的绝望和不安。达盖尔法（即银版法）的狂热追随者高举着写有"铜版画，见鬼去吧！"的大旗，在自缢架前鼓噪前进。右侧阳台上的人正把相机对准自缢架。在排成长蛇阵的达盖尔法的狂热追随者的右侧，人们围绕着相机和显像器材手舞足蹈。在我们今天看来，摄影没有取代绘画，画家也没有消失，但是绘画的记录功能被摄影所替代是不争的事实。

图1-5 《达盖尔法的狂热追随者》（狄奥多·莫里赛）

1.1.3 摄影与商业行为

19 世纪 60 年代前后，湿板法盛行。在英国，业务员们将产品照片大量印制并散发于市场。将照片用于促销与宣传，避免了携带和展示实物样品所产生的诸多麻烦。这是摄影服务于商业的最初形态。

19 世纪 70 年代，明胶干版投入市场，其在降低照片成本的同时也使照片的产生日渐便捷。当时，手工贴册或手工刻板印刷照片被大量应用在商品的宣传上。但受印刷技术所限，照片原本丰富的影调和影像细节无法体现。

19 世纪 80 年代后，印刷工业实现重大突破——网版印刷术可以将照片和文字同样快捷地刊印，且能使用不同密度的印刷网点如实再现照片的丰富影调和影像细节。各类照片开始用作杂志的插图，摄影以其不可比拟的真实性和准确性征服了大量消费者。

20世纪20年代以后，时装摄影蓬勃兴起。在巴黎，一些专事服装摄影的摄影室陆续挂牌。其具体的拍摄形式多数是，将着装优雅的模特置于绘制的摄影室布景前或预先设置好的道具、装饰品中。此时，起先导作用的摄影师有德·迈耶、爱德华·斯泰肯、詹姆斯·阿贝等。

1923年的一份调查报告显示：1895—1920年，在欧洲的报纸、杂志上，带有图片的印刷广告仅有17%采用了摄影作品。这是多方面的原因造成的。原因之一是，优秀的摄影师大多致力于纯粹的艺术研究，其兴趣仅在于如何运用相机来表现美，他们关心的是在沙龙竞赛中，自己的艺术摄影作品是否入选、获奖，对新闻、商业广告等实用摄影不屑一顾。这使一些平庸的业余摄影师有机会制造大量功利性的、缺乏艺术创造力的、表意直白的摄影作品并将其投放到市场当中。另外，受印刷技术所限，报纸、杂志上的摄影作品影像质量不佳、拍摄价格较高，也使摄影未能被广泛地应用于生产实际中。

相机传入中国是在1842年以后，由来华外国人引入。在1890年前后，北京（时称顺天府）城内有了第一家照相馆，名叫"丰泰"，地址在宣武门外琉璃厂旁；也有人说北京最早的照相馆是广东人潘惠南于1890年前后在门框胡同开的。当年所用的相机和显像器材多数是从日本进口的，底片采用湿板，曝光的方法是放在阳光下晒5分钟，相纸采用鸡卵纸。与国外摄影的应用领域不同，摄影术传入中国后主要用于新闻和宣传。

1.1.4　如何学摄影

摄影师需要面对形形色色的被摄对象，因此必须具备广博的社会知识和科技知识。

首先，摄影师需要学习摄影艺术方面的知识。各个艺术门类除了要受到共同的艺术规律的影响和制约外，还具有各自的特点和内部规律。这是由于各类艺术塑造形象的素材和手段不同，由此构成的形象的特点也不同，所以人们学习这些知识和欣赏这些形象的方法与方式也有差异。文学用语言塑造形象，音乐用声响表现形象，摄影艺术则通过色彩、影调等来塑造形象。学习摄影艺术包括学习基本造型要素、技术技巧、艺术表现方法、主题思想4个方面。因此，摄影艺术的学习，首先要从构图、用光、影调、色彩等入手，因为这些要素能被观众直接感知，它们是构成形象的基础，也是沟通的基础，还是让观众进一步感受和认识摄影作品的艺术性和思想性的前提。

其次，摄影师要学习摄影技术技巧。摄影是技术与艺术的结合，每一张照片的产生都离不开一定的技术技巧的运用。摄影技术技巧是通过不同的画面效果体现出来的，它通常无法被观众直接感知，观众需要具备一定的摄影知识才能感受到照片中所运用的摄影技术技巧，所以就这一点来看，它具有间接性的特点。比如，在拍摄跨栏运动时，摄影师采用平行追随的拍摄技巧，使画面呈现出主体清晰、背景模糊、动感强烈的效果。观众如果具备一定的摄影知识，一看照片便知是运用了该技巧，接着会对该技巧用得是否妥当进行推敲，进而思考它是否有利于突出主体等，从而更深层次地感受和认识照片；而观众如果并不具备摄影知识，看到照片时仅能感知到它虚实相间的动感效果，甚至可能会误认为这是一张拍坏了的照片。因此，具备一定的摄影知识是摄影创作的重要条件。

最后，摄影师应提高职业道德修养。一位好的摄影师需要掌握的东西非常多，从丰富的知识和见识，到敏锐的观察力、勤奋的工作与学习态度，再到热诚的待人态度等，缺一不可。摄影是一种思想与情感交汇的视觉艺术。摄影师手中的镜头就像画家手中的笔，接受指令进行创作。至于如何挖掘藏在人们内心深处的情感并加以表现，这是摄影师应努力探究的。例如，婚纱摄影师必须尊重每一位顾客，并使用沟通技巧引导其呈现出美的姿态；商业摄影师需遵守职业道德，保护委托人的商业秘密，保护模特的肖像权等。

摄影给人们带来具有审美价值的、瞬间定格的平面信息，这是它的主要特征。随着摄影技术的发展，人们在影像中不断地丰富艺术的情感元素。摄影与其他美术（架上绘画）的区别不在于艺术性的多少，就形式而言也无绝对的界限。摄影作品的思想性与艺术性、内容与形式结合得越紧密、越趋于完美、越独特，其审美价值就越高，也就越能引发观众的审美愉悦感。

1.2 相机的演变

科技是第一生产力、人才是第一资源、创新是第一动力。相机的演变过程离不开科技的进步和人才的贡献，是一个不断创新的过程。

1.2.1 胶片时代的回顾

170 余年来，相机作为摄影工具经历了由简单到复杂、由笨重到轻便、由低水平到高质量、由手动到自动、由单一功能到多功能、由无附件到附件系列化的发展过程。目前，相机已成为集光学、精密机械、微电子学等技术于一身的精密仪器。银版法问世之初，相机还只是一个装有一只玻璃"眼睛"的木箱子，粗糙且笨重。世界上第一台使用胶卷的相机是 1889 年由美国的 G. 伊斯门发明的（见图 1-6）。它的主体是一个简单的木箱，带有固定焦点式镜头，其快门速度只有一挡，但能把 8 英尺（1 英尺≈30.48 厘米）以外的景物照得很清楚，而且操作简便，任何人都可用它来拍照。这一特点恰如其广告语"按下按钮，一切无忧"所言。

1900 年，美国人布朗尼为柯达公司设计了一种使用编号为 117 的胶卷的相机，第二年又设计了使用编号为 120 的胶卷的相机——120 折叠皮腔旁轴取景相机（见图 1-7），使摄影得到了极大普及。

图 1-6　伊斯门木盒相机　　　　　图 1-7　120 折叠皮腔旁轴取景相机

1913 年，德国徕卡公司的 O. 巴那克研制出世界上第一台使用 35mm 胶卷的相机——135 旁轴取景相机（见图 1-8）。

1929 年，德国罗莱公司研制的 120 双镜头反光相机（见图 1-9）问世。随后，相机的光学和机械结构得到进一步完善。

图 1-8 135 旁轴取景相机

图 1-9 120 双镜头反光相机

1949 年，美国发明变焦镜头。

1956 年，德国爱克发股份有限公司生产了世界上第一台电眼测光照相机。

1957 年，哈萨勃莱特 120 单镜头反光相机等出现。

20 世纪 60 年代，135 相机快速发展，相机进入光学、精密机械、微电子技术相结合的发展阶段。日本相机工业崛起，推出 135 单镜头反光相机（见图 1-10）。

图 1-10 135 单镜头反光相机

20 世纪 60 年代中期，美国宝丽来公司推出了彩色一次成像相机。各种新式相机的不断出现，拓宽了摄影的应用领域，特别的摄影门类也相继问世。

1978 年，全自动相机上市，它可自动对焦、自动输片、自动倒片、自动曝光。

20世纪80年代，135"傻瓜"相机上市，其增加了闪光灯、电子控制装置、液晶数字显示屏等，拍摄者通过简单方便的操作就可得到出色的照片。

目前，大至宇宙天体的宏观世界，小至原子细胞的微观世界，快至超高速运动的物体等，相机都可以拍摄出来。

相机的感光材料也一直在发展。

1871年，英国的马杜多斯发明了以明胶为涂料的溴化银乳剂，后来经过改良，制成可由工厂批量生产和冲洗的底片。

1888年，美国的卡布特与他人合作，制成以塑料薄膜为片基的溴化银软片。

1889年，美国柯达公司开始生产以硝化纤维素为片基的成卷软片，这是世界上最早的胶卷。同年，世界上第一台安装胶卷的可携式方箱相机也在柯达公司问世。

20世纪20年代，不易燃烧的醋酸纤维素软片开始全面占领市场，胶片的感光度也逐渐提高。1926年，全色黑白片问世。

大约在1938年，具有通用暗盒的135胶卷面世。

1936年，出现彩色反转片。

1949年，一种胶片制作方法公布，美国、日本及欧洲各国率先进入彩色摄影时代。

20世纪70年代，水溶性彩色胶片、油溶性彩色胶片、Ⅱ型彩色胶片、超高速VR彩色胶片、高分辨率（High Resolution，HR）彩色胶片等纷纷出现。后来出现了自动调节反差、自动校正密度级数、大宽容度、大光谱范围等多信息容量彩色胶片。现在，胶片使用的感光材料是碘化银乳剂和醋酸聚酯纤维片基。

卤化银体系感光材料经历了一个半世纪的发展，成就很是惊人，形成了黑白片、彩色片、红外片、多光谱片、射线片、全息片、缩微片及制版片等各类胶片（见图1-11）。

图1-11　各类胶片

20 世纪 90 年代是传统胶片时代向数字时代的过渡时期。

1996 年 4 月，全球五大相机公司（柯达、佳能、尼康、美能达及富士）合作开发的先进摄影系统（Advanced Photo System，APS）正式上市。新系统采用一系列全新的相机、胶卷以及相应的冲印设备和电子影像处理系统，形成了 135 相机诞生以来最大的技术突破。新胶片的高度为24mm，采用与录像带相同的聚酯片基，糅合数字影像处理和冲洗技术，其特点是能在一卷胶卷上同时拍摄传统规格、宽幅规格和超宽幅规格 3 种不同画幅比例的照片。所有照片可以缩小的形式印在一张有编号的相片上，印刷者可以一目了然地找出要加印的照片。利用电子影像处理系统，可使 APS 照片转为电视和录像信号。

1.2.2　数码相机的缘起

数码相机的历史可以追溯到 20 世纪四五十年代。1951 年，宾·克罗司比实验室发明了磁带录像机（Video Tape Recorder，VTR），这种新机器可以将电视信号的电流脉冲记录到磁带上。1956 年，磁带录像机开始大量生产。磁带录像机的出现成为电子成像技术产生的标志。

20 世纪 60 年代，美国国家航空航天局（National Aeronautics and Space Administration，NASA）对月球表面进行勘测。工程师们发现，由探测器传送回来的模拟信号被夹杂在宇宙里其他的射线之中，显得十分微弱，地面上的接收器无法将模拟信号转变成清晰的图像，于是工程师们不得不另想办法。

1970 年是影像处理行业具有里程碑意义的一年，美国贝尔实验室发明了电荷耦合器件（Charge Coupled Device，CCD）。当工程师使用计算机将通过 CCD 得到的图像信息进行数字处理后，所有的干扰信息就都被剔除了。"阿波罗"号登月飞船上就安装了使用 CCD 的装置，这就是数码相机的原型。在"阿波罗"号登上月球的过程中，NASA 接收到的数字信号十分清晰。

1975 年，在美国纽约州罗彻斯特的柯达实验室中，一个孩子与小狗的黑白图像被 CCD 传感器获取，并被记录在盒式音频磁带上。这是世界上第一台数码相机获取的第一张数码照片，影像行业的发展由此开始改变。

1989 年，柯达发布了世界上第一台数码相机（见图 1-12），它重达 3900g，使用 16 节 AA 电池供电，其感光元件是一个 10000 像素的 CCD。拍完一张照片后，它需要用 23 秒的时间把数据写入磁带，每盒磁带只能记录 30 张照片。尽管它的性能如此低下、整体笨重，带着这种相机出门几乎是不可能的，但它的意义不容否认：它是数码影像的起源。

图 1-12　世界上第一台数码相机

1.3 数码单反相机的构成部件

1.3.1 数码单反相机的结构

数码单反相机是现代商业摄影中的一种通勤相机，被广泛地运用在各类商业摄影中。我们以尼康D810为例，来认识主流数码单反相机的部件，如图1-13所示。

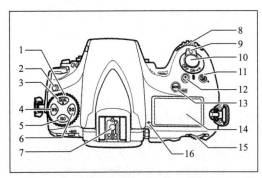

1.释放模式拨盘 2.释放模式拨盘锁 3.照片规格尺寸选择钮 4.色温选择钮 5.感光度选择钮 6.测光方式选择钮 7.热靴 8.副指令拨盘 9.电源开关 10.快门释放按钮 11.曝光补偿按钮 12.动画录制按钮 13.方式／格式化按钮 14.控制面板 15.主指令盘 16.焦平面标记

（a）

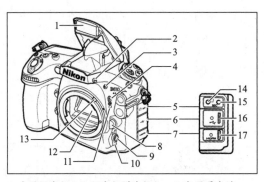

1.内置闪光灯 2.闪光灯弹出按钮 3.包围曝光键 4.闪光灯输出增减按钮 5.音频接口盖 6.USB接口盖 7.HDMI接口盖 8.镜头释放按钮 9.自动对焦方式按钮 10.对焦模式选择器 11.镜头安装标记 12.反光镜 13.测光耦合杆 14.耳机接口 15.外置话筒接口 16.USB接口 17.HDMI接口

（b）

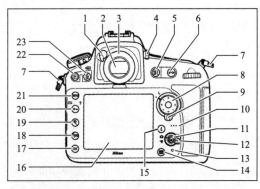

1.立体声话筒 2.对焦辅助灯 3.Pv按钮 4.Fn按钮 5.储存卡插槽盖 6.相机电源连接器盖 7.电池舱盖锁闩 8.电池舱盖 9.手柄电池接口 10.三脚架连接孔 11.镜头卡口 12.CPU接点 13.遥控端子盖 14.闪光同步端盖 15.闪光同步端 16.遥控端 17.机身盖

（c）

1.接目镜快门操作杆 2.取景器 3.取景器接目镜 4.屈光度调节 5.对焦／曝光按钮 6.独立对焦按钮 7.相机背带孔 8.多重选择器 9.对焦选择器锁定开关 10.扬声器 11.Lv取景开关 12.即时取景选择器 13.储存卡存取指示灯 14.信息按钮 15.快速菜单按钮 16.显示屏 17.确定按钮 18.缩小按钮 19.放大按钮 20.保护照片按钮 21.MENU按钮 22.播放按钮 23.删除／格式化按钮

（d）

图1-13 尼康D810各部件名称

1.3.2 数码单反相机的取景系统

单反意为单透镜反光，即 SLR（Single Lens Reflex），是当今最流行的取景系统之一。

在这种系统中，反光镜和五棱镜的独到设计使摄影师可以在取景器中直接观察镜头捕捉的影像。在数码单反相机的构造图中我们可以看到，光线透过镜头到达主反光镜后，反射到上面的对焦屏上并形成影像，通过五棱镜，摄影师可以在取景器中看到外面的景物，如图 1-14 所示。按下快门按钮时，反光镜便会往上弹起，感光元件前面的快门幕帘同时打开，透过镜头的光线（影像）便投影到胶片或电子感光元件上，使其感光，而

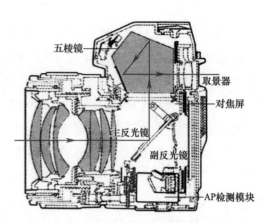

图 1-14　尼康 D3 内部构造图与
数码单反相机光路图

后反光镜立即恢复原状，摄影师便可再次在取景器中看到影像。数码单反相机的这种构造，决定了它完全是通过镜头对焦来拍摄景物的，它能使摄影师在取景器中所看到的影像和呈现在胶片或显示屏上的完全一样，且取景范围和实际拍摄范围基本一致，消除了使用旁轴平视取景相机拍摄常见的视差现象。从摄影学习的角度来看，数码单反相机十分有利于直观地取景构图。

1.3.3 数码单反相机的感光元件

数码单反相机的感光元件一般分为 CCD （见图 1-15）和 CMOS（Complementary Metal-Oxide Semiconductor，互补金属氧化物半导体器件）两种类型。

图 1-15　数码单反相机使用的 CCD 感光元件

1.CCD

CCD 由一种高感光度的半导体材料制成，能把光线转变成电荷，然后通过模数转换器将电信号转换成数字信号，数字信号经过压缩处理再由 USB 接口传到计算机上，就形成了所采集的图像。CCD 感光组件的表面具有存储电荷的能力，并将电荷以矩阵的方式排列。当 CCD 感光元件的表面感受到光线时，就会通过电荷的排列将其反映在感光组件上，整个 CCD 上的所有感光组件所产生的电荷由此构成一幅完整的画面。

CCD 的结构分为 3 层，第一层是"微型镜头"，第二层是"分色滤色片"，第三层是"感光层"。

2.CMOS

CMOS 由集成在金属氧化物的半导体材料制成，其工作原理与 CCD 没有本质的区别。

在成像方面，在相同像素下，CCD 成像通透性强、明锐度高、色彩还原程度高，曝光可以保证基本准确；CMOS 往往通透性一般，色彩还原能力偏弱，曝光也往往不太准确，由于自身的物理特性，早期 CMOS 的成像质量和 CCD 的成像质量还是有一定的差距，但 CMOS 凭借自身低价及高整合性的特点，在摄像领域得到了广泛的应用。

CMOS 相比于 CCD，最主要的优势是非常省电。CMOS 的电路几乎没有静态电量消耗，只有在电路接通时才有电量的消耗，这使 CMOS 的耗电量大约只有普通 CCD 的 1/3。目前 CMOS 的主要问题是在处理快速变化的影像时，由于电流变化过于频繁而温度过高，暗电流抑制得好问题就不大；抑制得不好，画面就容易出现噪点。

CMOS 与 CCD 在图像数据扫描方法上有很大的差别。例如，一台数码相机的分辨率为 300 万像素，那么 CCD 的图像数据扫描方法是连续扫描 300 万个电荷，并且在最后一个电荷扫描完成之后才将信号放大；而 CMOS 的图像数据扫描方法是每个像素都对应一个将电荷转化为电子信号的放大器。因此，CMOS 可以对每个像素进行信号放大，采用这种方法可快速进行图像数据扫描。

CCD 和 CMOS 没有优劣之分，各有各的特点，现在消费级数码单反相机的感光元件都是 CMOS。

1.3.4　感光元件尺寸与图像像素的关系

现在市面上消费级数码单反相机的感光元件尺寸主要有 2/3 英寸（1 英寸 ≈2.54 厘米）、1/1.8 英寸、1/2.7 英寸、1/3.2 英寸 4 种。感光元件的尺寸越大，感光面积越大，成像效果就越好。感光元件尺寸为 1/1.8 英寸的 600 万像素相机效果通常好于感光元件尺寸为 1/2.7 英寸的 800 万像素相机（后者的感光面积大约只有前者的 2/3）。而相同尺寸感光元件的相机拍摄图像像素增加固然是件好事，但这也会导致单个像素的感光面积缩小，有曝光不足（以下简称欠曝）的可能。如果想在增加图像像素的同时维持现有的图像质量，就必须维持单个像素的感光面积不缩小，从而增大感光元件的总面积。目前加工制造更大尺寸的感光元件比较困难，成本也非常高，因此感光元件尺寸较大的数码单反相机的价格也较高。感光元件的尺寸直接影响数码单反相机的体积和重量。超薄、超轻的数码单反相机一般感光元件的尺寸也小，而数码单反相机越专业，其感光元件尺寸也越大。

1.3.5　常见镜头

无论是应用于传统胶片单反相机的镜头还是数码单反相机的专用镜头，在摄影过程中，它们都起着主导作用（尼康常见镜头见图 1-16）。一支镜头的标识文字中基本上都包含了镜头属性、焦距参数、光圈参数、所具特点等信息。

（1）镜头属性：注明该镜头的品牌与卡口类型，通常还包括一些镜头类别的标识。

（2）焦距参数：标识镜头的焦距或焦距范围，单位为 mm。

图 1-16　尼康常见镜头

（3）光圈参数：标识镜头的最大光圈系数，有些镜头还会标识镜头的最小光圈系数。

（4）所具特点：标识镜头所采用的特色技术等。

例如，看到一支标有"AF-S NIKKOR 24-70mm 1∶2.8G ED"（见图 1-17）字样的镜头时，我们可以判读出这支镜头的完整参数：尼康原厂 AF-S 电子卡口超声波静音电动机自动变焦镜头；焦距范围为 24～70mm（涵盖广角端、标准、小长焦端，具有 2.9 倍变焦能力）；最大光圈系数为 2.8 且为恒定，无外置光圈调节环（G 型），采用低色散镜片 ED 技术。

图 1-17　尼康镜头参数

1. 标准镜头

标准镜头指视角大约为 60° 的镜头。以一台适用于 135 相机的可更换镜头为例，标准镜头通常是指焦距在 40～55mm 的镜头，是所有镜头中最基础的一种镜头，其视角最接近人眼观察的视角。尼康 50mm 标准镜头如图 1-18 所示。

图 1-18　尼康 50mm 标准镜头

标准镜头给人以纪实性的画面效果，所以在实际的拍摄中，它的使用频率较高。但是，从另一方面看，由于标准镜头的画面效果与人眼视觉效果十分相似，故用标准镜头拍摄的画面效果是十分"平淡"的，它很难获得广角镜头或远摄镜头拍摄出的那种戏剧性效果。即使是资深的摄影师也认为，用好、用"活"标准镜头并不容易。但是，标准镜头所表现的画面效果有一种自然的亲近感，用标准镜头拍摄时，镜头与被摄对象的距离也较适中，所以标准镜头在诸如拍摄普通风景、普通人像及抓拍等场合使用较多。另外，摄影师容易忽略的是，标准镜头还是一种成像质量上佳的镜头，它能充分表现被摄对象的细节（见图 1-19）。

图1-19 《大山里的母亲》（陈涛／摄）
（50mm标准镜头）

2. 长焦镜头

长焦镜头是指视角小于60°的镜头，尼康80～400mm长焦镜头如图1-20所示。长焦距镜头分为普通远摄镜头和超远摄镜头两类。普通远摄镜头的焦距长度接近标准镜头，而超远摄镜头的焦距长度远远大于标准镜头。以135相机为例，焦距为70～300mm的摄影镜头为普通远摄镜头，最大焦距在300mm以上的为超远摄镜头。

图1-20 尼康80～400mm长焦镜头

长焦镜头焦距长、视角范围小，被摄对象在底片上成像大，所以在同一距离上，长焦镜头能拍出比标准镜头所拍的更大的影像，适合拍摄远处的对象（作品示例见图1-21）。由于长焦镜头的景深比标准镜头小，因此它可以更有效地虚化背景，突出被摄对象。而且被摄对象与相机一般相距比较远，拍出的人像畸变较小且更生动，因此人们常把长焦镜头称为人像镜头。但长焦镜头镜筒较长、较重，价格相对较高，而且景深比较小，在实际使用中较难对焦，因此常用于专业摄影。

图 1-21　《咿呀学语》（阳冬华 / 摄）
（400mm 长焦镜头）

使用长焦镜头拍摄时，一般应使用高感光度及高速快门，如使用 200mm 的长焦镜头拍摄时，快门速度应在 1/250s 以上，以防止因相机震动而造成影像模糊。在一般情况下拍摄，为了保持相机的稳定，最好将相机固定在三脚架上；无三脚架固定时，尽量寻找依靠物帮助稳定相机。

3. 广角镜头

广角镜头指视角大于 60° 的镜头。以 35mm 数码单反相机为例，广角镜头通常是指镜头焦距为 17~35mm 的镜头。佳能 11~28mm 广角镜头如图 1-22 所示。

图 1-22　佳能 11~24mm 广角镜头

广角镜头的总体特点是视角范围大、视野宽阔，从某一视点观察到的景物的范围要比人眼在同一视点看到的大得多。此外，它还可以帮助摄影师表达有个性的摄影语言。广角镜头的基本特性如下。

（1）视角范围大，可以涵盖大范围的景物。所谓视角范围大，即在同一视点且与被摄对象的距离保持不变的条件下，用广角、标准和长焦 3 种不同的镜头取景时，广角镜头能拍摄到比后两者所拍摄的更多的景物。摄影师在场地狭小的情况下，若用 50mm 标准镜头难以完整拍下景物，就可利用广角镜头视角范围大的特性轻而易举地解决问题。此外，在拍摄广阔的原野或城市高大的建筑时，用标准镜头拍摄也许只能拍到景物的一部分，而用广角镜头拍摄却能有效地表现出原野开阔的气势或建筑物高耸入云的雄伟。

（2）焦距短、景深长。在拍摄广阔的大场面时，摄影师一般都依靠广角镜头焦距短、景深长的特点，将从近到远的整个场面都纳入清晰表现的范围。此外，用广角镜头拍摄时，如果采用较小的光圈，则景深就会变得更长。例如，摄影师用一个焦距为28mm的广角镜头拍摄，焦点对在约3m处的被摄对象上，光圈调到f/18，那么从1m到无限远处的景物几乎都在画面内。由于这种景深长的特性，广角镜头往往被摄影师当作一种机动性很强的快拍镜头使用。在某些场合，摄影师使用广角镜头拍摄时几乎不用特意对准被摄对象对焦，就能极快地完成抓拍，如图1-23所示。

图1-23 《平凡之夜》（曹正平/摄）
（28mm广角镜头）

（3）能强调前景和突出远近对比效果。这是广角镜头的另一个重要特性。所谓强调前景和突出远近对比效果，是指广角镜头比其他镜头更能强调近大远小的对比效果。也就是说，与用其他镜头拍出的照片相比，用广角镜头拍出来的照片，近的东西更大，远的东西更小，从而在纵深方向上产生强烈的透视效果——特别是用焦距很短的超广角镜头拍摄，近大远小的效果尤为显著。

（4）可产生夸张、畸变效果。一般来说，被摄对象产生夸张、畸变效果是广角镜头的使用大忌。实际上，被摄对象产生适当的夸张、畸变效果并非一定不可取。有经验的摄影师常常利用广角镜头使画面中的被摄对象产生适度的夸张、畸变效果，把一些非常不起眼的、日常生活中常见的景物拍得不同寻常。当然，使用广角镜头使被摄对象产生夸张、畸变效果的表现手法，一要根据题材的需要，二要少而精。不管题材是否需要，滥用广角镜头使被摄对象产生夸张、畸变效果的表现手法，一味从形式上追求怪诞离奇效果的做法是不可取的。

4. 变焦镜头

变焦镜头是指在一定范围内可以变换焦距，从而得到不同的视角和不同景物范围的相机镜头。尼康24~120mm变焦镜头如图1-24所示。例如，一支焦距为24~80mm的变焦镜头涵盖了广角镜头、标准镜头以及长焦镜头3种镜头的视角。由于一支变焦镜头可以发挥若干支定焦镜头的作用，非常有利于构图，摄影师在外出旅游时可以减少所携带的摄影器材的数量，节省更换镜头的时间，因此变焦镜头一般是摄影师的常备镜头。

图1-24 尼康24~120mm变焦镜头

变焦镜头最大的特点，或者说它最大的价值，在于实现了镜头焦距在特定范围内可按摄影师的意愿变换。与定焦镜头不同，变焦镜头并不是依靠更换镜头来实现镜头焦距的变换的，而是通过推拉或旋转镜头的变焦环来实现的。在镜头变焦范围内，焦距可无级变换，即镜头变焦范围内的任何焦距都能使用，这就为实现构图的多样性创造了条件。

使用变焦镜头变换焦距的快捷程度，是使用定焦镜头通过更换镜头变换焦距无法相比的。现代数码单反相机的变焦镜头还采用了手动变焦方式，摄影师可以通过焦距的细微变化调整取景范围。通过变焦镜头在相机快门开启的瞬间变焦，摄影师可以实现"爆炸效果"。

当然，相对于定焦镜头而言，变焦镜头的结构比较复杂，重量较大。普通变焦镜头的成像质量通常逊于同等级的定焦镜头。变焦镜头的分类如下。

（1）根据对焦方式的不同，变焦镜头可分为手动对焦变焦镜头和自动对焦变焦镜头。

（2）根据变焦范围的不同，变焦镜头可分为以下几类。一般来说，变焦范围为20~40mm的称为广角变焦镜头，变焦范围为35~70mm的称为标准变焦镜头，变焦范围为70~200mm的称为中长焦变焦镜头，变焦范围为200~500mm的称为远摄变焦镜头。当然，也有不少镜头的变焦范围囊括了广角变焦镜头至中长焦变焦镜头，甚至远摄变焦镜头的变焦范围，如变焦范围为28~200mm、28~300mm等的镜头。

（3）根据变焦倍率的不同，变焦镜头可分为2倍（如变焦范围为35~70mm的）、3倍（如变焦范围为70~210mm的）、5倍左右（如变焦范围为28~135mm的）、7倍左右（如变焦范围为28~200mm的）、10倍（如变焦范围为50~500mm的）等。总体来说，变焦倍率越大，镜头的体积也相应越大。

（4）根据变焦操作方式的不同，变焦镜头可分为推拉式变焦镜头和旋转式变焦镜头两种。推拉式变焦镜头的优点在于使用方便，摄影师可以快速从镜头的最远端变焦到最近端，缺点在于俯仰拍摄的时候镜头容易滑动。旋转式变焦镜头的优点在于对焦环和变焦环各自独立，转动操作互不干涉；但其操作不如推拉式变焦镜头简便，尤其是使用变焦镜头实现"爆炸效果"时，不如推拉式变焦镜头容易。

1.3.6 特殊镜头

除了上述镜头外，镜头生产厂家还设计生产了一些特殊镜头，以满足摄影师在苛刻条件下的拍摄需求。

1. 鱼眼镜头

鱼眼镜头是一种焦距在 6mm 和 16mm 之间的短焦距、超广角镜头，鱼眼镜头是它的俗称（见图 1-25）。为使镜头达到最大视角，这种镜头的前镜片呈抛物面状向镜头前部凸出，与鱼的眼睛颇为相似，因此得名。鱼眼镜头的前镜片直径大且向镜头前部凸出，故这种镜头无法像普通镜头那样安装滤光镜，摄影师在拍摄操作（尤其是凑近被摄对象拍摄）时要特别注意，不要碰撞到前镜片。另外，有些老式的鱼眼镜头与数码单反相机连接时，镜头后部插入相机机身较深，相机的反光镜必须翻起锁定，导致相机的五棱镜取景器无法使用，摄影师需在相机上设置附加的取景器才能正常进行摄影。用鱼眼镜头拍摄的作品示例见图 1-26。

图 1-25　鱼眼镜头

图 1-26　《秋林》（曹正平 / 摄）
（15mm 鱼眼镜头）

2. 折反镜头

折反镜头是一种超远摄镜头，看起来短而粗，重量也相对较大，比较适合手持拍摄（见图 1-27）。折反镜头结构简单，画质优良；缺点是只有一挡光圈，不便控制景深，相机取景时取景器发暗，对焦也不方便。但因其价格低廉，对于囊中羞涩又爱好远摄的用户来说，它是不错的选择。目前市面上流行的折反镜头大多由俄罗斯制造，常见焦距为 500mm 和 1000mm。使用折反镜头拍摄的照片如图 1-28 所示。

图 1-27　折反镜头

图 1-28 《早有蜻蜓立上头》（曹正平／摄）
（用 600mm 折反镜头所拍摄的照片拥有类似"甜甜圈"的光斑）

3. 微距镜头

微距镜头是一种拍摄时可以近距离接近被摄对象进行对焦的镜头（见图 1-29）。微距镜头在胶片或传感器上所形成的影像尺寸与被摄对象的实际尺寸之间的关系：1:1 标记的微距镜头表示胶片或传感器上的影像尺寸与被摄对象的实际尺寸一样，1:2 标记的微距镜头表示胶片或传感器上的影像尺寸是被摄对象实际尺寸的一半，2:1 标记的微距镜头表示胶片或传感器上的影像尺寸是被摄对象实际尺寸的 2 倍。微距镜头通常都是中长焦镜头，但实际上它可以是任何焦距的，既有焦距为 50mm 的微距镜头，也有焦距为 180mm 的微距镜头或者焦距范围为 70~180mm 的微距变焦镜头。微距镜头的价格通常比较高，成像画质优良，特别适合拍摄昆虫、花卉、邮票、手表零件等题材。用微距镜头拍摄的甲壳虫如图 1-30 所示。

图 1-29 老蛙 CF60mm F2.8
2X Super Macro 2X 镜头

图 1-30 《甲壳虫》
（老蛙 CF60mm F2.8 2X Super Macro 2X 镜头）

图 1-30 是使用我国安徽长庚光学科技有限公司生产的老蛙 CF60mm F2.8 2X Super Macro 2X 镜头拍摄的样张。此镜头不需要附加任何接圈或者近摄镜就可以实现惊人的 2 倍放大的效果。

4. 移轴镜头

移轴镜头具有校正畸变功能，这种镜头的主光轴可进行横向或纵向调节；且调节的时候机身与胶片或传感器的平面位置不发生移动。移轴镜头主要用于建筑摄影，如图 1-31 所示。

图 1-31　尼康 PC-E Micro NIKKOR85mm 上的 1∶2.8D 移轴镜头和用其拍摄的室内空间照片

1.3.7　镜头转换系数

数码单反相机感光元件（CMOS／CCD）的尺寸是一个非常重要的参数。全画幅相机的感光元件面积为 24mm×36mm，半画幅相机的标准感光元件面积则是 APS-C（23.7mm×15.6mm）。全画幅镜头与半画幅镜头成像图与感光元件尺寸对比如图 1-32 所示。所以在使用同款镜头时，不同传感器尺寸的机身拍摄时的影响范围是不一样的，存在视角的差异。若想得到相同的视角，全画幅相机和半画幅相机就必须使用不同的焦距镜头，两个焦距值相除即得到镜头转换系数。

例如，50mm 焦距的镜头用在全画幅相机上时，其视角大约是 46°；而用在半画幅（感光元件对角线长度是 135 胶片的 2/3）相机（如尼康 D90、D300 等）上时，其视角大约是 30°。全画幅相机使用的焦距为 50mm 的镜头在半画幅相机上的拍摄视角大概与焦距为 75mm 的镜头在全画幅相机上的视角相当，大约都是 30°，我们可以得到这些相机的镜头转换系

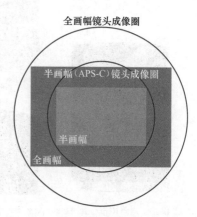

图 1-32　全画幅镜头与半画幅镜头成像圈与感光元件尺寸对比

数为 75/50=1.5。值得注意的是，全画幅镜头可以在半画幅相机上使用，但半画幅镜头不能在全画幅相机上使用，因为半画幅镜头的成像面积不够，会造成暗角（见图 1-32）。

佳能系列相机的镜头转换系数大约为 1.6。尼康系列和宾德系列相机的镜头转换系数大约为 1.5。4/3 系统的如奥林巴斯系列相机、柯达系列相机的镜头转换系数大约为 2。

本章实践指导

完成本课程的学习与实践需要以下基本器材：一台数码单反相机机身、一支镜头、一个 UV 镜和偏正镜、一个三脚架、一张储存卡、一瓶干燥剂、一台计算机。

数码单反相机及配件选购建议具体如下。

1. 确定预算。只要是在预算内，专业器材总是越贵越好，这是"不二法则"。

2. 购买套机。套机是商家将机身与配套镜头打包出售的促销手段，比分开购买机身与镜头更具价格优势。

3. 镜头优先。购买相机一定要优先考虑镜头能否满足拍摄需求。一支专业镜头比普通镜头能带来更高的锐度和色彩还原程度。机身在一个层级以内时差异并不大，而且机身上的许多功能本身就是"睡眠功能"，一般情况下根本用不到，如果确实需要用到，也可以通过技术手段弥补。

4. 购买一套结实的三脚架，它比闪光灯更实用。

5. UV 镜必须购买，它可以保护昂贵的镜头。偏正镜可以消除玻璃与水面的反光，建议购买。其他滤光镜没有必要购买，其效果都可以用软件实现。

6. 储存卡一定要买正规厂家的，虽然贵一点，但是可靠性要强得多。

7. 购买一瓶干燥剂。相机不用时应与干燥剂一起密封在塑料袋里。否则，高湿环境可能会让机身和镜头在一周内就布满霉菌。

8. 就近购买。数码单反相机的价格比较透明，只要找到所在城市的经销商，价格差异通常不大。

9. 先看看家里有没有用得上的老镜头，如果有，就可以直接购买其对应的机身，如果没有，可优先考虑有强大镜头群支持的尼康和佳能两个品牌的相机。

思考与练习

1. 简述银版法的原理。

2. 镜头的主要参数有哪些?

第 2 章

数码单反相机的快速使用方法

本章将介绍数码单反相机的基本操作。使用数码单反相机拍照时，操作流程一般如下。

（1）打开"ON"开关，检查电池、储存卡是否工作正常且有足够的电量与容量。

（2）设置图片格式（JPG、RAW）和尺寸（S、M、L）。

（3）根据现场光线设置感光度。

（4）根据现场光线的色温设置白平衡。

（5）转动变焦环，选择合适焦段并确定构图。

（6）依靠相机自动对焦或转动变焦环精确对焦。

（7）通过镜头(Through the Lens，TTL）测光，根据测光模式和主观意图调整曝光值。

（8）根据曝光量指示标尺提示设置恰当的快门速度与光圈组合。

（9）在光线不理想的状态下使用闪光灯。

（10）按下快门按钮完成单次拍摄。

想要熟练掌握上述流程，我们需要对曝光、测光、对焦、光圈、快门速度、感光度设定、色温等知识进行详细的了解。

通过本章的学习，结合基础的构图法则，读者可以快速掌握数码单反相机的使用方法，拍摄出清晰的照片，并且可以针对不同的被摄对象灵活地使用不同的拍摄方式与技巧，如光圈优先、快门优先、运动跟随、长时间曝光等。

2.1　曝光

曝光是指被摄对象发出或反射的光线，通过相机镜头投射到胶片或感光元件上，使之被记录的过程。

当我们拿着一台数码单反相机拍摄的时候，需要选择一种曝光模式，尼康相机的拍摄模式拨盘如图 2-1 所示。曝光模式就是相机通过对自然光源进行亮度测量，给出的相应光圈值与快门速度值的组合。数码单反相机通常都有一个智能模式（尼康相机为 AUTO 模式，佳能相机为 A+ 模式），用户在初次接触数码单反相机时，可以依靠此模式得到一张较为

清晰的照片。值得注意的是，在智能模式下，相机的内置闪光灯会自动弹出，许多菜单和功能下的参数是不能调节的。因此，这种模式也被通俗地称为"傻瓜模式"。除了智能模式外，相机针对影响曝光值的因素还建立了程序自动（P）、快门优先（尼康相机为 S，佳能相机为 Tv）、光圈优先（尼康相机为 A，佳能相机为 Av）、手动曝光（M）等模式。拍摄图像质量的优劣与曝光量有关，曝光量又与通光时间（快门速度）、通光面积（光圈大小）有关。

图 2-1　尼康相机的拍摄模式拨盘

2.1.1　相机自动测光

数码单反相机都具有自动测量曝光值（Expose Value，EV）的功能。除手动曝光模式外，数码单反相机在程序自动、快门优先、光圈优先等模式下均可以自动给出默认曝光值，并自动曝光。例如，在程序自动模式下，相机会自动给出光圈值与快门速度值（与智能模式的区别在于可以在同一 EV 下提供不同光圈值、快门速度值的组合）；在快门优先模式下，相机会自动给出光圈值。

EV 的计算方法是，相机首先假设被拍摄对象的反射率都是 18%，通过光敏元件测得被拍摄对象实际的反射光照强度后，结合感光度的设定来计算光圈值和快门速度值。

"18%"这个数值是根据自然景物中中间调（灰色调）的反射表现来确定的。如果实际取景时画面中白色居多，那么反射率将超过 18%；如果画面是全白场景，反射率大约为 90%；如果是黑色场景，反射率可能会很低。所以我们需要使用标准灰卡进行测光。柯达标准灰卡如图 2-2 所示。

图 2-2　柯达标准灰卡

标准灰卡是一张尺寸为 8 英寸 ×10 英寸的卡片，将它与被摄对象放在同一平面，所得到的测光区域整体光线的反射率就是 18%，随后摄影师只需要按照相机给出的光圈值和快门速度值拍摄，拍摄出来的照片就是曝光准确的。如果不用标准灰卡测光，当整个测光区域光线的整体反射率高于 18% 时，这时如果按照相机给出的光圈值和快门速度值来拍摄，得到的照片将是一张欠曝的照片，白色的背景看起来会发灰；如果是拍摄一张白纸，得到的就会是一张灰色纸了。

所以，摄影师在拍摄反射率高于18%的场景时需要增加EV，具体的调整值则需要根据具体情况分析，此时经验就显得非常重要。反之，如果拍摄反射率低于18%的场景，例如在黑色的背景中，拍出的照片往往会过度曝光（后简称过曝），黑色的背景也会变成灰色的。所以，拍摄反射率低于18%的场景时需要减少EV，这就是我们常说的"白加黑减"原理。

2.1.2　手动设置曝光补偿

因为相机的曝光算法是根据18%灰来计算的，所以数码单反相机一般会提供一种修正功能——曝光补偿。

曝光补偿的调节范围一般为 [–2，2]，摄影师在调节的时候可以以0.3EV或者0.5EV为步长跳跃。摄影师在拍摄的过程中，半按快门按钮时，显示屏上显示的效果图与摄影师预想的照片基本是一致的。如果显示的效果图明显偏亮或偏暗，说明相机的自动测光结果与摄影师预想的有较大偏差，这时候曝光补偿就派上用场了。按住曝光补偿按钮（图2-3中①），同时转动主指令拨盘（图2-3中②），即可选择曝光补偿范围。当然，有经验的摄影师更喜欢采用手动方式，即通过调整光圈值与快门速变值来直接调整曝光补偿。

图2-3　曝光补偿按钮与主指令拨盘（两者需同时操作）

需要提醒的是，在调整过曝光补偿后，下一次拍摄前记得将设置还原，否则容易造成接下来拍摄的照片曝光不准。

2.1.3　TTL测光方式的选择

在许多相机的参数表中我们都能看到一个常见的名词——TTL测光。其含义究竟是什么呢？TTL测光是一种通过相机镜头测量光线强度的方法。

拍摄时半按快门按钮，相机即启动TTL测光功能，光线通过相机的镜头并被反光镜反射，进入机身内置的测光感应器。这块测光感应器和CCD或者CMOS的功能类似，将光信号转换为电子信号，再传递给相机的处理器，经过运算，得到合适的光圈值和快门速度值。完全按下快门按钮时，相机即按照处理器给出的光圈值和快门速度值自动拍摄。TTL测光最大的优势就是，由此得到的通光量就是标准底片的曝光参数。如果镜头前面加装了滤光镜，使用TTL测光得出的测光数值和不加滤光镜时是不同的，摄影师此时不需要根据相机加装的滤光镜重新调节曝光补偿，只需要直接按下快门按钮，非常方便和直接。

大多数码相机的TTL测光方式都具备几种测光模式：中央重点平均测光、局部测光、点测光以及评价测光。佳能相机的4种测光模式与测光表指示界面如图2-4所示。这几种测光模式都有最适合的拍摄场景，我们需要了解其算法。

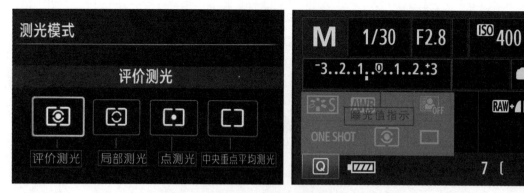

图 2-4　佳能相机的 4 种测光模式与测光表指示界面

1. 中央重点平均测光

中央重点平均测光是日常拍摄中采用得最多的一种测光模式，几乎所有的相机生产厂商都将中央重点平均测光作为相机默认的测光模式。中央重点平均测光主要是考虑到摄影师一般习惯将被摄对象也就是需要准确曝光的物体放在取景器的中间，以突显这部分拍摄内容是最重要的，因此负责测光的感光元件会将相机的整体测光数据有机地分开，中央部分的测光数据占据绝大部分比例，而画面中央以外的测光数据占小部分比例，起辅助作用。经过相机处理器对这两类数值加权处理后，相机得到拍摄的测光数据。例如，尼康相机默认采用的就是中央重点平均测光，其中央部分测光占据整个测光比例的 75%（这个比例因品牌不同而有一定的差异），画面中央以外的测光数据占据 25% 的比例。在大多数拍摄情况下，中央重点平均测光是一种非常实用且应用得最广泛的测光模式；但如果需要拍摄的主体不在画面的中央或者是在逆光条件下拍摄，中央重点平均测光就不适用了。

中央重点平均测光是一种传统的测光模式。大多数相机的中央重点平均测光算法重视画面中央约 2/3 的区域，对周围区域也予以一定程度的重视。摄影师使用中央重点平均测光比使用评价测光更容易控制拍摄效果。

中央重点平均测光适用于个人旅游摄影、特殊风景摄影等。

2. 局部测光

局部测光和中央重点平均测光是两种不同的测光模式。中央重点平均测光是一种以中央区域为主、其他区域为辅的测光模式，而局部测光则是只对画面中央的一部分区域测光，测光范围是整个画面的 3%~20%（有的自动相机"局部"默认对焦点周围）。采用局部测光可以得到被摄对象准确曝光的照片。局部测光也可应用在一些特殊的、恶劣的拍摄环境中，其能确保相机处理器准确计算出位于画面中央的被摄对象所需要的曝光量。在拍摄舞台、演出等场景或在逆光条件下时，这种模式很适用。不过由于评价测光（矩阵测光）的兴起，这种模式现在已经较少用到。

局部测光对画面的某一局部进行测光。当被摄对象与背景有着强烈的明暗反差，而且被摄对象所占画面的比例不大时，运用这种测光模式最合适。在这种情况下，局部测光比中央重点平均测光更准确，同时又不像点测光那样由于测光范围太小而需要摄影师具备一定测光经验，所以不容易失误。

局部测光适用于需要准确测光，并且测光范围比点测光更大的特定场景。

3. 点测光

中央重点平均测光与局部测光虽然可以充分表现整个画面的光线状况，并顾及小面积区域曝光的准确性，但仍旧有许多不足之处。例如，需要精准地让极小范围的被摄对象曝光准确时，中央重点平均测光就不那么好用了，而此时局部测光涵盖的范围还是偏大。

为了克服这些不足，一些厂商研发出点测光来避免复杂光线条件下或逆光条件下环境光源对主体测光的影响。点测光以取景器中央的一极小区域为测光基准点，大多数相机的点测光区域为整个取景器画面的1%～3%。这是一种相当准确的测光模式，但对于新手来说，它不那么容易掌握。怎样判别测光点，成了新手需要学习的一个技巧。利用错误的测光点拍出来的画面不是过曝就是欠曝，会造成严重的曝光误差。点测光在日益盛行的利用数码相机进行微距摄影中大放光彩，其可以让画面曝光更加准确。因此，喜爱微距摄影的摄影师都会尽力学好这种测光模式。初学者可以选择取景器画面中的中间小区域作为测光基准点。点测光在人像拍摄中也是一个好工具，可以对被摄对象局部（如脸部、手、足）进行准确的曝光。

因为点测光只对面积很小的区域准确测光，区域外的明暗对测光结果无影响，所以其精度很高。在实际操作中，点测光真正不可替代的用途主要是在风光摄影中对远处不可到达的目标进行小区域测光。要想掌握这种测光模式，摄影师就要对所使用相机的点测光特性有一定了解，懂得选定反射率在18%左右的测光点，或能对高于或低于18%反射率的测光点设置曝光补偿。点测光主要供专业摄影师或对摄影技术很了解的人使用。点测光特别适合在大光比场景中使用。

点测光适用于风光摄影、舞台摄影、个人艺术照摄影等。

4. 评价测光

评价测光（也称分隔测光、矩阵测光）是一种比较智能的测光模式，最早由尼康公司推出。评价测光与中央重点平均测光最大的不同是，评价测光将取景器画面分割为若干个测光区域，对每个区域独立测光后再加权整合，计算出一个整体的曝光值。大多数品牌的相机都设计了类似的测光模式，区别仅在于测光区域分布或者分析算法。例如，佳能EOS-ID X上设计的63区域TTL评价测光准确并且快速，这不仅依赖于相机本身的硬件性能，还和相机的处理能力以及数据分析算法关系紧密。

评价测光是目前最先进的智能化测光模式之一，其模拟人脑对拍摄时经常遇到的均匀或不均匀光照情况做出判断。即使是对测光模式不熟悉的人，用这种模式一般也能够得到曝光比较准确的照片。这种测光模式比其他测光模式更加适合拍摄大场景，例如风景、团体合影等。评价测光在拍摄光照比较均匀的场景时效果最好。目前，评价测光已经成为许多摄影师和摄影爱好者最常用的测光模式之一。

评价测光适用于拍摄团体照片、家庭合影、一般的风景照片等。

这几种测光模式基本上可以应对目前所有的拍摄场景，但是从本质上来说，它们都是点测光模式的拓展，只是"点"的大小不同而已。熟练的摄影师一般都使用点测光来准确控制画面中某一点的灰度。在一些专业场合或者广告拍摄中，摄影师依旧依赖专业测光表的数值来进行拍摄。不同测光模式下的拍摄效果及测光区域如图 2-5 所示。

中央重点平均测光

局部测光

点测光

评价测光

图 2-5　不同测光模式下的拍摄效果及测光区域

2.2　对焦

对焦是指借助相机对焦机械结构改变像距，使被摄对象成像由模糊变清晰的过程。

2.2.1　自动对焦

自动对焦必须使用可自动对焦的相机和镜头。一般相机机身上有对焦模块开关（见图 2-6），镜头上也有对焦模块开关（见图 2-7），两个开关需要同时切换到"AF"挡和"M/A"挡才能实现相机镜头对焦到被摄对象。

数码单反相机有两种对聚焦方式：一种是主动式自动对焦，另一种是被动式自动对焦。

图 2-6　机身上的对焦模块开关

图 2-7　镜头上的对焦模块开关

1. 主动式自动对焦

主动式自动对焦是相机上的红外线发射器、超声波发射器向被摄对象发出红外线或超声波，相机上的接收器接收被摄对象反射回来的红外线或超声波进行对焦，使用的光学原理与三角测距对焦法类似。主动式自动对焦多用于低档普及型相机。

主动式自动对焦的优点是：因为是相机主动发出红外线或超声波，所以相机可以在低反差、弱光环境下对焦；对较小的被摄对象、动体也都能自动对焦。

主动式自动对焦的缺点是：当被摄对象能吸收红外或超声波时对焦困难；红外线或超声波还会被玻璃反射，故透过玻璃对焦困难；对斜面、光滑面对焦困难；对亮度大、远距离的被摄对象对焦困难。这都是因为相机发出的红外线或超声波反射到了其他方向，或达不到被摄对象。

2. 被动式自动对焦

被动式自动对焦是直接接收、分析来自被摄对象自身的反光，并进行自动对焦的方式。

被动式自动对焦的优点是：相机自身不配有发射系统，因而耗能少，有利于进行小型化设计；对具有一定亮度的被摄对象能理想地对焦；在逆光条件下也能较好地对焦；对远处亮度大的物体能较好地对焦；能透过玻璃对焦。

被动式自动对焦的缺点是：对较小的被摄对象对焦较困难，在低反差、弱光环境下对焦困难，对动体的对焦能力差，对含偏光的被摄对象对焦能力差，对黑色物体或镜面的对焦能力差。

主动式自动对焦和被动式自动对焦各有千秋，好在一般数码单反相机上都有两种自动对焦方式，摄影师可以自动切换，发挥各自的优点，克服缺点。使用被动式自动对焦方式时，相机对焦能力受最大光圈值的限制。光圈值小于 f/8 时，图像暗淡，自动对焦困难。为此，大多数数码单反相机都有自动对焦辅助光，发射器发射条纹状的红外线光束，实现对不同质地的被摄对象的自动对焦。环境光线足够亮时，这些辅助光是不工作的。使用时需要注意的是，由于发射窗在相机机身的右边，握相机时不要用手挡住发射窗，否则便无法对焦。专业相机机身上没有发射辅助光的发射窗，只能装上闪光灯，利用闪光灯上的发射窗发射辅助光进行主动对焦。

2.2.2　手动对焦

手动对焦是指通过转动镜头对焦环，或通过按机身上专门的方向按钮，调整镜头步进实现清晰成像的对焦方式。手动对焦一般在自动对焦失误时使用，是自动对焦的有力补充，在数码时代仍然是不可或缺的。

手动对焦启用时不需要消耗电力，对焦后景物会清晰地呈现在显示屏上，而是否清晰主要由摄影师来判断。在使用手动对焦时，具有对焦提示功能的相机机身会给摄影师一个电子对焦指示信号。有些相机的手动对焦功能不是通过纯机械转动传导力实现的，而是用一个步进电机对镜头进行驱动来对焦的。摄影师转动对焦环，镜头内的电机会与摄影师转动做几乎同步的转动，以驱动镜片对焦。这种对焦方式的优点是结构简单，镜桶内部密封性较好，缺点就是存在延迟。这种技术不仅用在大口径长焦镜头上，也应用在没有反光镜的微单相机配套的镜头（如松下 GF1 配套的 20mm f/1.7 镜头）上。对焦环只是模拟开关触点，与镜组没有机械连接，这种结构可以令镜头体积更小。

当快速移动的被摄对象无法被相机识别时，摄影师往往会提前在预定位置手动对焦，以实现抓拍。比如，百米赛跑运动员必冲过的终点线，越野赛车必须飞驰而过的驼峰。手动对焦在预定位置，可以让摄影师将所有注意力放在用相机捕捉精彩瞬间上面。

2.2.3　景深

景深是摄影中一个非常重要的概念，它是指在对焦完成后，在焦点前后的一定范围内都能形成清晰的影像，这一范围便叫景深。

当相机的镜头对焦于被摄对象时，在经过被摄对象处垂直镜头轴线的平面上的点都可以在胶片或者感光元件上得到相当清晰的图像。这个平面沿着镜头轴线的前后一定范围就成为眼睛可以接受的较清晰的像点，把这个平面前后能得到清晰图像的所有景物平面间的距离叫作相机的景深。同一款镜头在焦点相同、曝光组合不同时获得的不同景深如图 2-8 所示。

尼卡尔镜头 200mm，f/8，1/250s 下的景深　　　　尼卡尔镜头 200mm，f/2.8，1/1000s 下的景深

图 2-8　同一款镜头在焦点相同、曝光组合不同时获得的不同景深

与光轴平行的光线射入凸透镜时，理想情况应该是所有的光线聚集在一点，然后以锥状扩散开来，这个聚集所有光线的点就叫作焦点。在焦点前后，光线聚集和扩散，影像逐渐变得模糊，形成一个扩大的圆，这个圆就叫作弥散圆。

在现实中，拍摄出的影像是以某种方式（比如投影放大等）来观察的，人眼所感受到的影像与放大倍率、投影距离及观看距离有很大的关系。如果弥散圆的直径小于人眼的鉴别范围，在一定范围内实际影像产生的模糊是不能辨认的，这种不能辨认的弥散圆就称为容许弥散圆。通常情况下，人眼在明视距离（眼睛正前方 300mm）内能够分辨的最小物体的直径大约为 0.125mm。所以，弥散圆在 7 寸（5 英寸 ×7 英寸，这是常用尺寸）照片上时的直径也只能是 0.125mm 以内，也就是照片对角线长度的 1/1750 左右。

直径为 7 寸照片对角线长度的 1/1750 左右的容许弥散圆对任何大小的胶片或者 CCD/CMOS 都适用，因为用它们拍出来的 7 寸照片可以将弥散圆直径控制在 0.125mm 以内。

焦点前后的光圈、景深与容许弥散圆直径的关系如图 2-9 所示。

光圈、焦距及被摄对象的距离是影响景深的重要因素。

（1）光圈越大（光圈 f 值越小），景深越小；光圈越小（光圈 f 值越大），景深越大。

（2）焦距越长，景深越小；焦距越短，景深越大。

（3）被摄对象越近，景深越小；被摄对象越远，景深越大。

很多镜头都带有景深表（见图 2-10），可辅助摄影师判断景深范围。

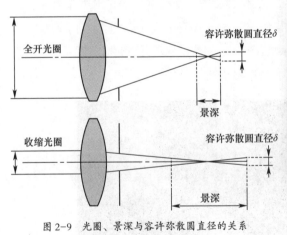

图 2-9 光圈、景深与容许弥散圆直径的关系

图 2-10 带景深表的镜头（当光圈值为 f/22，对焦在 1.6m 处时，景深是 0.8m 至无穷远）

2.2.4 超焦距摄影

拍摄风光照片和某些人文照片时，我们希望得到画面前后都清晰的照片，也就是景深大的照片。尤其是在拍摄人文照片时，我们往往来不及精确对焦，这时候超大景深就显得非常实用了，它能使被摄对象和所处环境都清晰地呈现。

虽然小光圈可以获得大景深，但有时我们即使使用 f/22 的光圈也无法得到前后都清晰、锐利的照片。当观看优秀摄影师拍摄的风光照片时，你也许会疑惑：为什么这些照片从前景到背景都是清晰、锐利的？因为如果你要获得最大景深，仅仅缩小光圈是不够的，景深还与焦点的位置有关系。只有把焦点控制在画面前 1/3 处时，你才有可能获得当前光圈下的最大景深，这种方式就是超焦距摄影。

2.3　相机高级参数的设置与拍摄

2.3.1　设置感光度

感光度指感光材料对光的敏感程度，它是胶片制造行业中感光性能的重要指标之一。

胶片时代的摄影生活就遵循这一行业标准：胶卷包装上都会标示类似感光度 ISO100、感光度 ISO200、感光度 ISO400 的字样。包装上标示的感光度 ISO 数值越大，表示胶卷的感光速度越快，这意味着感光度 ISO 数值大的胶卷在较弱的光线条件下就能生成影像，所以在亮度相同的光线条件下，摄影师可以使用较小的光圈值或较快的快门速度。举个例子，感光度为 ISO100 的胶卷可使用的最快快门速度比感光度为 ISO50 的胶卷高一挡，因为在相同情况下，假设使用感光度为 ISO50 的胶卷时快门速度为 1/125s，而换用感光度为 ISO100 的胶卷则只要 1/250s 的快门速度。

传统胶卷的生产者通过改变胶卷的化学成分，来改变它对光线的敏感程度。

数码单反相机的感光元件则是不变的，数码单反相机普遍采用电子信号放大增益技术来改变感光元件对光线的敏感程度，与感光度 ISO 数值相对应的是电子信号放大增益值。比如，设定在标准值时提供等同感光度为 ISO100 的增益幅度，对应感光度为 ISO200 和 ISO400 的增益值可通过提高增益幅度实现。提供高感光度时自然需要提供相应的增益幅度，在输出影像信号前都必须进行相应的信号放大增益。因为 CCD 的输出电平较低，尤其当环境光线暗淡时，为了使影像发生量变，放大器就要按相应的感光度 ISO 数值提高增益幅度。但是，调用更高的增益值将会导致影像质量变差（见图 2-11）。

图 2-11　感光度为 ISO3200 时的照片细节噪点

在光线充足的条件下，摄影师应尽可能使用低感光度进行拍摄，如感光度 ISO100/200。

当然，也不能一味地为避免噪点而使用低感光度，有时为了让被摄对象在画面中呈现出理想的影像效果，摄影师就必须提高感光度以加快快门速度。

2.3.2　设置光圈

光圈是一个用来控制通过镜头进入机身的光线数量的机械结构，它通常在镜头内。虽然已经制造好的镜头不能随意改变直径，但是摄影师可以通过在镜头内部加入面积可变的多边形孔状光栅来控制单位时间内的通光量。

光圈是镜头中一个极其重要的机械结构，决定了通过镜头照射到胶片或感光元件上的光线的数量。

光圈大小用 f 值表示。其中，光圈 f 值＝镜头的焦距 / 镜头的通光孔径。

从公式可知，要达到相同的光圈 f 值，长焦镜头的通光孔径要比短焦镜头的通光孔径大。

光圈 f 值越小，镜头的通光孔径就越大，同一单位时间内的通光量便越多。50mm 镜头光圈值系列如图 2-12 所示。上一挡光圈的通光量刚好是下一挡的两倍，例如，光圈从 f/8 调整到 f/5.6，通光量便多了一倍，也就是常说的光圈开大了一挡，即 f/5.6 的通光量是 f/8 的两倍。同理，f/2 的通光量是 f/8 的 16 倍，光圈从 f/8 调整到 f/2，光圈开大了 4 挡。对消费型数码单反相机而言，光圈值为 f/2.8～f/11；专业单反相机镜头的光圈值为可以到达 f/2.8～f/22，所以摄影师在调整光圈时可以做 1/3 挡的调整。

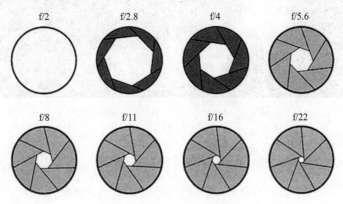

图 2-12　50mm 镜头光圈值系列

光圈值越小，光圈越大。光圈越大，通光量就越多；反之，则越少。简单地说，在快门速度不变的情况下，光圈值越小，光圈越大，通光量越多，画面越亮；光圈值越大，光圈越小，通光量越少，画面越暗。

光圈的作用还在于调节景深，小光圈对应大景深，能清晰、细密地表现出远近景物的明锐感；大光圈对应小景深，则可使被摄对象突出，表现被摄对象以外前 / 后景的模糊感。值得一提的是，若要前 / 后景都清晰，摄影师应使用小光圈，但小到能达到预期的景深即可，不必过小，否则镜头就会受到衍射的影响，反而会降低镜头展现被摄对象细节的能力。

19 世纪 30 年代，美国 "f/64" 摄影小组成员创作了大量优秀的黑白风景作品，安塞尔·亚当斯是这个小组里的代表人物（其作品示例见图 2-13）。"f/64" 摄影小组旨在用最小光圈获得影像的最大景深，从而得到最大清晰范围的照片；该小组力求作品同时具有更清晰的画面与更大的景深，从而真实还原被摄对象。这个小组对摄影纯粹度的要求甚高，追求精致的画面，不缩放或裁切影像，不用光面相纸，对摄影师在技术与艺术方面的素养都提出了很高的要求。

图 2-13 安塞尔·亚当斯的黑白风景作品

1. 镜头的最佳光圈

每一支镜头都有自己的最佳解像力的光圈值（最佳光圈），一般来说，这个光圈值是由这支镜头的最大光圈值缩小 1～2 挡得到的，范围约在 f/4～f/8。镜头的最佳光圈是这支镜头受像差与衍射现象影响最小的平衡点，从理论上来说，使用最佳光圈拍照可以得到成像质量最佳的照片。

最佳光圈是不是越大越好呢？答案是肯定的。最佳光圈越大，进入镜头内部的光线也就越多，相机的快门速度也就可以提得更快。而且和小光圈相比，大光圈还有更好的背景虚化效果，这样拍摄可以让被摄对象在画面中更突出，画面整体更简洁。而且最佳光圈越大的镜头可以拍摄背景虚化效果及景深效果更直观、更明显的照片。另外，相比同类镜头，最佳光圈更大的镜头可以有更多的通光量，在光线不好的情况下同样可以拍摄出精彩的影像。所以，在预算允许的情况下，尽量选择一支最佳光圈更大的镜头，因为它有更大的可调节范围。

2. 光圈优先模式

光圈优先模式是指先由相机自动测光系统计算出曝光量的值，然后根据选定的光圈大小自动决定快门速度，一般用来拍摄风景和人像等。

使用光圈优先模式的好处是摄影师可以自己控制景深。在风光摄影中，当希望近处与远处的景物在画面中都清晰，而快门速度并不重要的时候，摄影师只需要设定一个较小的光圈值即可拍摄。或者在人物摄影中，摄影师可设定一个较大的光圈值，使得背景虚化，用以强调被摄对象而弱化背景。

2.3.3　设置快门速度

快门是摄像器材中用来控制光线照射感光元件时间的装置。

快门速度的单位是秒（s）。专业135相机的最快快门速度可以达到1/16000s。常见的快门速度有1s、1/2s、1/4s、1/8s、1/15s、1/30s、1/60s、1/125s、1/250s、1/500s、1/1000s、1/2000s等。相邻两挡的快门速度的曝光量成倍数关系，后一挡的速度是前一挡的2倍即我们常说相差一挡。例如，在感光度和光圈一定的情况下，1/60s比1/125s的曝光量多一倍，即1/60s比1/125s速度慢一挡或低一挡，1/60s的曝光量是1/125s曝光量的两倍。现在流行的数码单反相机的快门速度以1/3挡为单位进行调整。

快门优先模式

快门优先模式是指在手动设置快门速度的情况下，先由相机的自动测光系统计算出拍摄需要的曝光量的值，然后根据选定的快门速度由相机自动决定用多大的光圈。快门优先模式多用于拍摄运动的被摄对象，特别是在体育运动拍摄中。在拍摄运动的被摄对象时，若被摄对象是模糊的，多半就是因为快门速度不够快，在这种情况下，摄影师就可以使用快门优先模式，先大概确定一个快门速度值，然后进行拍摄。被摄对象的运动一般都是有规律的，那么快门速度值也可以大概估计。例如，拍摄行人时，快门速度设置为1/125s就差不多了；而拍摄下落的水滴时，则需要设置为1/1000s。

高速快门适合抓拍动态被摄对象。在抓拍快速运动中的被摄对象时，建议摄影师手持相机对被摄对象进行同方向平稳的追随拍摄（见图2-14），使被摄对象始终处于画面中的最佳位置；同时，保持半按快门按钮的状态，以便在最佳时机及时按下快门按钮。

图2-14　《奔跑》（佚名／摄）
（f/10，1/60s，24mm，追随拍摄，后期稍有裁切）

一般情况下，为防止手持相机拍摄时产生的抖动影响画面质量，快门速度一般要高于"1/镜头焦距"的值，这是一个经验值，也叫安全快门。例如，135相机使用一支焦距为85mm的镜头，那么，手持相机拍摄时的快门速度应该高于1/85s，这样才能把被摄对象拍清楚。以此类推，镜头焦距为200mm时，应该把快门速度设置为1/200s以上。需要注意的是，如果使用的是普通数码相机或非全画幅的数码单反相机，要先把焦距转换为135相机的焦距。如在佳能EOS 400D上使用50mm镜头时，安全快门就是1/（50×1.6）=1/80s。一般来说，安全快门会提高拍摄的成功率，但并不是说以低于安全快门速度拍的照片就一定会失败。

适当降低快门速度，结合三脚架也可以拍出虚幻而具有动感的照片。图2-15所示的作品《静谧的小溪》拍摄时使用了三脚架，利用流动的溪水在5s内留下的轨迹，产生了梦幻般的视觉效果。

图2-15 　《静谧的小溪》（佚名／摄）
（f/22，5s，40mm）

在实际拍摄中，相机在自动对焦工作状态下，从按下快门按钮到开始曝光的这段时间会有一定的时滞。这一特性使得我们在拍摄时需要针对被摄对象的动态留出一定的时间提前量。

相机的快门速度本来只是控制曝光量的手段之一，如果应用得当，也可以成为获得特殊摄影效果的"秘密武器"。所以，快门优先模式也是摄影师最常用的曝光模式之一。如果要拍摄运动的场景，快门速度是要快一些还是慢一些呢？这并不是绝对的，关键是看想得到什么效果。

两名身着黑色服装的搭档在镜头前舞动点燃的发光钢丝棉，它们留下的轨迹产生了美丽的图案，如图2-16所示。

图 2-16 　《光绘法》（陈涛 / 摄）
（f/11, 1/8s, ISO100）

2.3.4　设置色温

　　数码照片富含色彩信息，如果设置的色温与拍摄场景的光线不吻合，照片就不能准确地还原被摄对象的固有色彩。相机的白平衡模式即是与色温关联的调整功能。

　　色温是照明光学中用于定义光源颜色的一个物理量。把黑体加热到某一温度，其发射的光的颜色与某个光源的色品相同时，这时黑体的温度称为该光源的颜色温度，简称色温，其单位用开尔文（K）表示。光源色温与色彩的对应关系如图 2-17 所示。色温低的光偏黄，比如白炽灯的色温在 2800K 左右；色温高的光则偏蓝，比如紫光灯的色温在 9000K 以上。一般认为，正白光的色温为 6000 ～ 6500K，用阴极射线管（Cathode Ray Tube，CRT）所发出的白光的色温约为5500K。稍微改变三基色的混合比例，即可模拟出增减色温的效果。这种利用增减色温的原理实现的摄影、摄像、显示等设备上的图像的颜色变化过程称为色温效应。

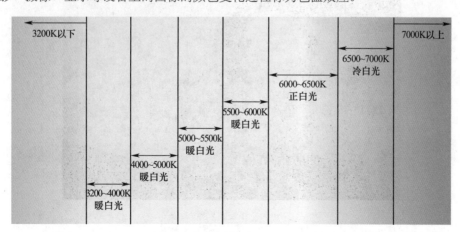

图 2-17 　光源色温与色彩的对应关系

如今的数码单反相机几乎都有至少5种白平衡模式用以还原不同拍摄场景下的色彩，如自动、白炽灯、荧光灯、晴天、闪光灯、阴天、背阴等，如图 2-18 所示。不同品牌相机内置的白平衡模式名称各有不同，其中，自动白平衡是大家使用得最多的。在平时日光正常的拍摄环境下，自动白平衡的确可以满足大家的拍摄需求；而在特殊环境下，摄影师调整白平衡模式即可得到想要的色彩还原效果。

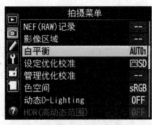 

① 选择"拍摄菜单"中的　　　　② 按下▲或▼方向键可选择
　　"白平衡"选项　　　　　　　　　不同的白平衡预设

图 2-18　将相机的白平衡模式设为"自动"（尼康相机）

白平衡模式的反向运用与强化色温氛围

白平衡模式根据实际拍摄场景的色温条件，通过调整相机内部的色彩运算方式进行色彩补偿，如光源偏蓝，相机模拟叠加红色滤镜，抵消偏色。摄影师如果要准确地调整色温值，就可以准确还原被摄对象的真实色彩；但如果使用"错误"的白平衡模式使画面叠加偏色效果，则会强化画面的偏色效果。

如何利用色温来控制照片效果？比如为了表现日落时美丽的火烧云，可以将色温设置得较高（如荧光灯模式），"欺骗"相机给出红色补偿，使云层呈现出比肉眼看到的红色更鲜艳的红色，给人以强烈的视觉冲击。

利用相机给出的红色补偿，反向夸张了暖色氛围，如图 2-19 所示。

图 2-19　《日暮》（刘勇／摄）
（f/8，1/125s，色温设置为 6000K）

2.3.5　数码单反相机常用符号释义

数码单反相机常用符号释义如表 2-1 所示。

表 2-1　数码单反相机常用符号释义

符号	释义	符号	释义
ISO	感光度设置	RAW	专业 RAW 格式
AUTO	全自动拍摄（闪光自动）	▲L	大文件格式
P	弹性程序拍摄（闪光灯不开）	◢S	小文件格式
S / Tv	快门优先	▣ / ▣	评价测光
A / Av	光圈优先	▣	中央重点平均测光
M	手动曝光	▣	点测光
bulb	长时间曝光	K	色温数值设置
⚡	闪光开启	▣	背阴
⚡	闪光关闭	☀	晴天
⚡	闪光补偿	☁	阴天
±	曝光补偿	▣	白炽灯
AF	自动对焦	▣	荧光灯
MF	手动对焦	⚡	闪光灯
▣	LED 屏幕取景开关	AWB	色温菜单
▣	即时取景选择器	⏱	自拍设置（快门按钮释放后快门落下时间的设置）
□S	单张拍摄	▥	电池电量显示
▣	多张连拍	▣	多重曝光
▣H	高速连拍	▶	播放

2.4　构图的基本原则

微课视频

对构图的研究，实际上就是对形式美在画面中的具体呈现方式的研究。经典的形式美在画面中的具体呈现方式是历代艺术家通过实践用科学的方法总结出来的经验，是人们共有的视觉审美经验，符合人们所接受的形式美的法则，是审美实践的结晶。从总结的形式美的表现形式来看，构图形式是多样的，每一种形式针对不同内容时都有强化和升华主题的作用。吸收前人的经验对构图形式的应用将产生积极的作用。然而，构图形式不是一成不变的，构图法则也只是为艺术家再现现实场景提供了一种参考思路。

　　形式美的表现形式在摄影中也称摄影构图。本节将对部分构图法则进行探讨，并对对摄影构图有指导意义的平面构成形式进行介绍，有利于加深读者对形式美的理解。构图法则主要包括均衡与对称、对比以及视点。

2.4.1　构图法则

1. 均衡与对称

　　均衡与对称是构图的基础，主要作用是使画面具有稳定性。均衡与对称不是同一个概念，但两者具有内在的同一性——稳定。

　　对称画面的稳定性特别强，能使画面具有庄严、肃穆、和谐的感觉。比如，我国古代大多数建筑都是对称的典范（见图2-20），但对称与均衡比较而言，均衡的变化性比对称要强得多。因此，对称虽是构图的重要法则，但实际运用得比较少，运用得多了就会有呆板的感觉。

图 2-20　《天坛》（佚名 / 摄）

　　追求稳定性是人类在长期观察自然中形成的一种视觉习惯和审美观念。因此，符合这种视觉习惯和审美观念的造型艺术通常就能感觉美，违背这个原则的看起来通常就会让人感觉不舒服。均衡与对称都不是平均，它们代表的是一种合乎逻辑的比例关系。平均虽是稳定的，但缺少变化，没有变化就没有美感，所以构图最忌讳的就是平均分配画面。

　　传统构图法则中最常用的是品字形构图法则和三七律构图法则。品字形构图法则和三七律构图法则常被人们称为永恒的三角构图法则，它们背后的逻辑都是均衡。什么是品字形构图法则呢？就是当画面中同时出现3个物体的时候，不能把它们等距离地放在一条线上，而应使其呈三角形，像品字。图2-21所示是一幅1877年的92.8cm×118.1cm布面油彩，画中家庭女教师正在手把手教授女孩弹奏曼陀铃，这是一张非常典型的三角形双人物像。只要留意，就会发现这种三角形在自然界中无处不在。山脉就是由无数个三角形构成的，井然有序，具有强烈的排列韵味。

图2-21　《音乐课》（雷德里·克莱顿/摄）

什么是三七律构图法则呢？就是画面的比例分配为三七开。若是竖构图画面，上面占三分，下面占七分，或上面占七分，下面占三分；若是横构图画面，右面占三分，左面占七分，或是右面占七分，左面占三分。在中国画中，这种三七开的布局被称为最佳的构图布局。所谓最佳，并不是单一或唯一，因为在特殊情况下，根据题材的需要，这个比例是可以改变的，如改变为二八律或四六律。对摄影师而言，如能把均衡与对称运用自如，也就掌握了摄影构图的要领。

就比例而言，西方古典构图法则中有一个黄金比例的概念。黄金比例的独特性质首先被应用在分割一条线段上。把一条线段分割成两部分，较短部分与较长部分的长度之比等于较长部分与整体的长度之比，其比值是一个无理数，取小数点后3位数字得到的近似值是0.618。由于按此比例设计的造型十分美丽，因此它被称为黄金比例，也称中外比。阿尔斯特的古典静物的黄金比例示意如图2-22所示。

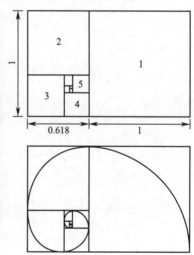

图2-22　阿尔斯特的古典静物的黄金比例示意

2. 对比

巧妙的对比不仅能增强艺术感染力，更能鲜明地反映和升华主题。对比构图是为了突出主题、强化主题。对比有各种形式，但是把它们同类相并，可以得出的类别主要有以下3种。

一是形状的对比，如大和小，高和矮，胖和瘦，粗和细。

二是色彩的对比，如深与浅，冷与暖，明与暗，黑与白。

三是明度的对比，如深与浅，明与暗等。

在一张照片中，可以运用单一的对比，也可同时运用多种对比，图 2-23 所示就采用了动静对比、面积对比、明暗对比。对比是比较容易掌握的，但我们要注意不能生搬硬套、牵强附会，更不能喧宾夺主。

图 2-23 《流水瀑布》（子墨 / 摄）

3. 视点

视点（见图 2-24）可以将观众的注意力吸引到画面的重点上。视点是透视学上的名称，也叫灭点。

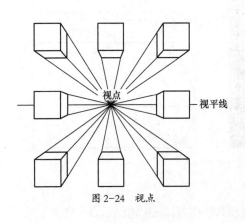

图 2-24 视点

要把视点说清楚，还需要从视平线、地平线说起。通常，我们以水平方式持握相机取景远方时，在天地相接或水天相连的地方有一条明显的线，这条线就是地平线。与地平线平行，且通过画面中央的这条线就是视平线。视平线可以随着相机的俯仰与地平线产生上下位置的变化。人站的位置越高，越容易将视平线压低于地平线，进而更多地描绘地面元素，"欲穷千里目，更上一层楼"就是这个道理。同时，我们发现在视平线以上的物体，如高山、建筑等，近高远低，近大远小；在视平线以下的物体，如大地、海洋、道路等，近低远高，近宽远窄；此外，与镜头方向平行的直线也会集中到一点，消失在视平线上，这就是视点的由来。

了解了透视学的原理后，就可以充分利用视点的特点了。如果想把建筑物拍大，可将相机移近，夸张近大远小的体量对比；如果想把地面拍得辽阔，就要把拍摄位置选在高处，俯视拍摄，以得到满意的结果；如果想把立方体拍出立体感，可以选择从立方体的半侧面处进行拍摄，以突出强调透视关系。

　　摄影师可借助视平线与地平线之间的关系判断拍摄角度是俯视、仰视还是平视。如果视平线高于地平线，则拍摄角度是仰视，建筑物与镜头方向垂直的线条的延长线相交于天空；如果视平线低于地平线，则拍摄角度是俯视，建筑物与镜头方向垂直的线条的延长线相交于地面；当视平线与地平线重叠时，拍摄角度是平视，建筑物与镜头方向垂直的线条不消失，建筑物与镜头方向平行的线条消失到视点，如图 2-25 所示。

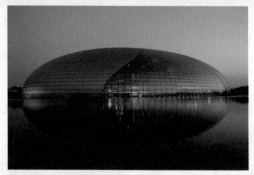

图 2-25　仰视、俯视与平视

2.4.2　现代平面构成形式研究

　　在现代美术教育中，三大构成（平面构成、色彩构成、立体构成）是一个重要的形式研究体系，也是现代艺术设计基础的重要组成部分。构成是一个造型概念，是将不同形态的多个单元重新组合成一个新的单元的方式。

　　在三大构成中，平面构成尤其对摄影构图有指导意义。平面构成是现代学院派摄影教学中的核心课程。

　　平面构成是研究在二维空间范围内，以轮廓线划分图与图之间的界线，描绘形象与形象之间的关系的学科。它所表现的立体空间并非真实的三维空间，仅仅是在图形对人的视觉引导作用下形成的幻觉空间。其构成形式主要有重复、渐变、近似、发射、特异、变异、对比、集结、空间与矛盾空间、分割、肌理及错视等。下面对几种重要的平面构成形式做简单介绍。

1. 重复构成形式

重复构成形式是以一个基本形为主体，在基本格式内重复排列，排列时可进行方向、位置上的变化的形式，范例如图 2-26 所示。这种构成形式具有很强的形式美感。

图 2-26　重复构成形式范例

2. 渐变构成形式

渐变构成形式是把基本形按大小、方向、虚实、色彩等关系进行渐次变化排列的构成形式，范例如图 2-27 所示。渐变基本形可以不受自然规律限制地从甲渐变成乙，从乙再渐变为丙。例如，将河里的游鱼渐变成空中的飞鸟，将三角形渐变成圆形等。渐变又可以有很多种类型，如形状的渐变、疏密的渐变、虚实的渐变、色彩的渐变。

图 2-27　渐变构成形式范例

3. 近似构成形式

近似构成形式是指有相似之处的形体之间的构成。其基本形的近似变化打破了重复构成的单调性，寓"变化"于"统一"之中，范例如图 2-28 所示。

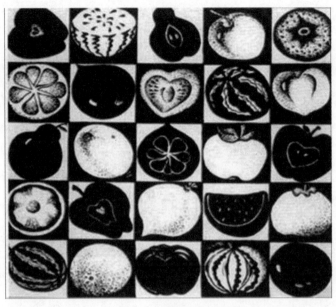

图 2-28　近似构成形式范例

　　需要注意的是，基本形近似程度过高会产生重复感，过低会破坏统一感。近似构成形式与渐变构成形式的区别是：渐变构成形式中的变化有很强的规律性，基本形的排列非常严谨；而近似构成形式中变化的规律性不强，显得比较活泼。

　　4. 发射构成形式

　　发射构成形式是指以一点或多点为中心，呈向周围发射、扩散等视觉效果的构成形式，范例如图 2-29 所示。这种形式具有较强的动感及节奏感。

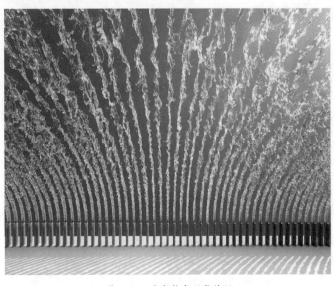

图 2-29　发射构成形式范例

5. 特异构成形式

特异构成形式是指在一种较有规律的形态中进行小部分变异，以避免单调的构成形式，范例如图 2-30 所示。特异构成形式的因素包括形状、大小、位置、方向及色彩等。

图 2-30　特异构成形式范例

6. 其他构成形式

摄影需要借鉴其他空间构成形式研究成果，利用透视学中的视点等原理求得平面上的空间形态的优化，点的疏密形成的立体空间，线的变化形成的立体空间，矛盾空间的构成（错觉空间构成），甚至因变动立体空间形的视点而构成的不合理空间、"反转空间"等，都是摄影构图形式可借鉴的。

总之，一张照片的构成要素是点、线、面、色彩和空间等，且依然遵循形式美诸法则，如均衡与对称、对比、节奏、韵律、多样、统一等。摄影师通过对平面构成的了解，结合摄影的语言，可以为摄影创作带来新鲜的构图形式。

摄影师借鉴中国画图式关系，运用虚实对比，表现出了东江湖的清晨平远空蒙的意境，如图 2-31 所示。

图 2-31　《烟雨东江》（陈涛／摄）

本章实践指导

手背代测法

户外摄影时通常不会携带标准灰卡，但我们亚洲人的肤色可以视为18%灰，所以我们可以使用手背代替标准灰卡，称为手背代测法。手背代测法的测量结果也比较准确，但需要注意以下几点。

1. 拍摄方式使用M挡，方便调整。

2. 让手背的受光条件与被摄对象的受光条件相同。

3. 尽量让手背影像充满取景器，使用短焦镜头时，手背影像可能无法充满取景器，此时要使用中央重点平均测光或者点测光方法，确保只对手背测光。

4. 手背要离镜头20cm左右，避免手背上产生相机的投影。

思考与练习

1. 完整阅读你的相机说明书。

2. 在感光度为ISO200的情况下，用标准灰卡（或手背）测光，记录下不同环境下的曝光组合并进行预估训练。

3. 用站立、半蹲、卧倒等姿势对同一被摄对象进行拍摄，体会视角的变化。

4. 使用三脚架拍摄夜景。

5. 观察他人的摄影作品，查看其拍摄数据，并解读其点、线、面的构成方式。

参考图例

夜景参考作品如图2-32所示。

图2-32　《南岳气象台》（陈涛/摄）
（f/11，1/20s，ISO6400）

可在文件夹中找到想要获取文件属性的图片文件，单击鼠标右键，在弹出的快捷菜单中选择"属性"选项，再在弹出的"属性"对话框中选择"详细信息"选项卡，即可查看图片的拍摄数据，如图 2-33 所示。

照相机制造商	Canon
照相机型号	Canon EOS 5D Mark III
光圈值	f/14
曝光时间	20 秒
ISO 速度	ISO-125
曝光补偿	+0.7 步骤
焦距	70 毫米
最大光圈	4
测光模式	图案
目标距离	
闪光灯模式	无闪光，强制
闪光灯能量	
35mm 焦距	

图 2-33 《朝潮》（陈涛 / 摄）及其文件属性中的拍摄数据

第 3 章

产品摄影

本章讲解产品摄影的概念与要求，并结合闪光灯的使用，以实例的方式介绍玻璃类产品、皮革类产品、金属类产品的拍摄技巧。本章的重点是掌握闪光指数与光圈的关系，学会根据材质的不同进行布光方式的调整，使拍出的照片充分展现出产品的质感。

3.1　产品摄影概述

微课视频

3.1.1　产品摄影的概念

产品摄影属于广告摄影的一部分，是以产品为主要被摄对象的一种摄影形式。产品摄影通过反映产品的形状、结构、性能、色彩和用途等特点，引起消费者的购买欲望。产品摄影是传播产品信息、促进产品流通的重要手段。随着产品经济的不断发展，产品摄影已经不再是单纯的商业行为，它已经成为现实生活的一面镜子，成为产品传播的一种重要手段和媒介。

产品摄影属于实用商业的范畴。从传播功能的角度来看，产品摄影也可以称为信息传递艺术。产品摄影以追求实际的传达效果为目的，具有十分明确的市场目标和宣传目的，直接针对目标市场和目标用户拍摄制作，注重实效性。产品摄影必须清晰、准确地传达产品信息，评价产品摄影作品的标准虽然也重视思想性和艺术性，但更多是考虑其商业性。

3.1.2　产品摄影的特点与要求

产品摄影的目的在于吸引更多的消费者对产品的注意，引发消费者的购买欲望。产品推广活动结束时的经济效果和社会效果是检验广告摄影作品的标准。也就是说，消费者对广告摄影作品的评价，是由广告在产品推销中所起的作用来决定的，其始终是以市场为基础，以消费者为中心，而不以创作者的个人感受为准。具体地说，一幅广告摄影作品不管在艺术方面多么技艺精湛，只要它缺乏推销的力量，在进入消费者的视觉领域后，无法刺激消费者的具体消费欲望或者激发消费者明确的参与激情，就不能算作一幅好的广告摄影作品。而且，优秀广告摄影作品所刺激的消费者的购买欲具有非常明确的目的性，也就是可以具体到作品中所指定的某品牌产品。

从摄影师的角度来看，产品摄影的构思创意会受所宣传产品的广告策略的制约，具有较强的局限性。特别是广告摄影的构思和创作讲究定位、定向设计，在内容表现方面要围绕广告的目的进行，因而常常有很强的局限性。但是艺术摄影的构思和创意则不受这方面的约束，艺术摄影可以别出心裁，有较大的自由表现空间。因此，广告摄影师必须努力展示产品的个性和风格，而将个人的风格隐藏起来，力求满足产品推销的需要，不然很难达到预期的目标。

3.2　闪光灯的使用

微课视频

产品摄影离不开闪光灯。闪光灯是在很短时间内发出很强光线的照明装置，多用于光线较暗场合的拍摄瞬间照明，也用于光线较亮的场合给被摄对象局部补光，还可以借助频闪技术用于一些特殊照片的拍摄（见

图 3-1），它调整方便、使用安全、性能稳定。影棚常用的闪光灯与灯光辅助配件如图 3-2 所示。

图 3-1 《跳水运动员》（哈罗德·艾杰顿 / 摄）

图 3-2 影棚常用的闪光灯与灯光辅助配件

3.2.1　闪光灯

闪光灯分为内置闪光灯和外置闪光灯两大类。内置闪光灯一般功率小、使用灵活，缺点是光位没有变化。外置闪光灯的光场、光位可变，使用较为灵活，缺点是体积较大、挪动不便。一盏好的闪光灯应该输出稳定、可调色温（标准色温一般为5500K左右，与日光的色温相同）、回电速度快、可转向、可改变光照范围等。

3.2.2　闪光指数

1. 什么是闪光指数

闪光指数用于反映闪光灯的功率大小，用GN表示。闪光指数的大小关系到如何使用光圈，它也是反映闪光灯光照强度的指数之一。

闪光指数有以下两个作用。

（1）反映闪光灯的功率，GN的数值越大，表示闪光灯的功率越大。

（2）当采用手动方式控制闪光灯进行拍摄时，可根据相关因素确定光圈f值。基本公式如下（使用感光度为ISO100的胶卷或使用数码相机拍摄并将感光度设置为ISO100时）：

$$光圈f值 = 闪光指数 / 摄距（单位为m）$$

例如，使用闪光指数GN = 24的闪光灯全光输出作为主灯拍摄，感光度设定为ISO100，摄距为3m时，正确曝光的参考光圈f值为24/3 = 8。

2. 影响闪光指数的因素

一般来说，一台闪光灯制造好后，它的最大功率就确定了，但是其闪光指数与多个因素相关。

（1）感光度与闪光指数

同一输出功率的闪光灯，在不同的感光度设置下，具有不同的闪光指数。在说明闪光灯的闪光指数时，有的是以表格形式标出不同感光度对应的不同的闪光指数；有的只标出一个闪光指数，这通常是针对感光度ISO100而言的。

（2）现场条件与闪光指数

厂家标定闪光指数的现场条件通常是理想的无反射黑空间，如果在有自然光、灯光、白墙反射等的现场条件下使用闪光灯，厂家标定的闪光指数就不可靠了；摄影师此时需根据实际情况调整闪光指数，或对标定闪光指数计算出的光圈f值适当增大或减小。增大或减小光圈f值即放大或缩小光圈，其与变换闪光指数的关系可采用下列公式。

$$放大 1/2 挡光圈 = 闪光指数 \times 1.2$$
$$放大 1 挡光圈 = 闪光指数 \times 1.4$$
$$放大 2 挡光圈 = 闪光指数 \times 2$$
$$缩小 1/2 挡光圈 = 闪光指数 \times 0.84$$
$$缩小 1 挡光圈 = 闪光指数 \times 0.7$$
$$缩小 2 挡光圈 = 闪光指数 \times 0.5$$

（3）输出光角与闪光指数

有些闪光灯可以调节输出光角（输出闪光的角度），这时，标定的闪光指数通常是针对标准镜头的输出光角的。当调节输出光角时，摄影师应相应地调整闪光指数。在同样的输出光量下，输出光角扩大，闪光指数便减小；输出光角变小，闪光指数便增大。例如，佳能 430EZ 闪光灯针对 50mm 镜头的输出光角的闪光指数为 35，扩大输出光角至适用于 24mm 镜头时的闪光指数为 25，缩小输出光角至适用于 80mm 镜头时的闪光指数为 43。闪光灯的使用说明中往往提供这种资料，摄影师应注意查看。

（4）输出光量与闪光指数

有些闪光灯可以手动调节输出光量，如全光、1/2 光、1/4 光、1/8 光、1/16 光等。标定的闪光指数是针对全光输出光量而言的，因此下文简称全光指数。使用不同的输出光量时，闪光指数的调整可以以下列公式计算出的数据为依据。

$$1/2\ 光指数 = 全光指数 \times 0.7$$

$$1/4\ 光指数 = 全光指数 \times 0.5$$

$$1/8\ 光指数 = 全光指数 \times 0.36$$

$$1/16\ 光指数 = 全光指数 \times 0.25$$

除上述因素外，闪光灯的新旧也会影响闪光指数。标定闪光指数都是针对新闪光灯而言的，当闪光灯陈旧时，灯面起毛、灯管老化等因素均会使输出光量减少，这就需要开大光圈来弥补。

3.2.3 闪光同步快门速度

由于电子闪光灯的闪光持续时间极为短暂，大约为 1/1000s，如果不是在快门完全开启时触发闪光，就会使部分画面接收不到闪光，这种情况称为"不同步"。在使用闪光灯进行摄影时，确保"同步"是先决条件。对性能正常的相机与闪光灯来说，能否取得同步是与所使用的快门速度直接相关的。

不同相机的闪光同步快门速度是不一样的，传统胶卷相机的闪光同步快门速度多数在 1/250s ～ 1/60 s，当然有些旗舰级相机会更快。当今数码相机的闪光同步快门速度更快，多数在 1/500s ～ 1/250 s。数码相机上不会标示闪光同步快门速度，摄影师需要参阅说明书中有关闪光同步快门速度的说明。只要使用小于或等于闪光同步快门速度的其他任何快门速度，就能做到同步。

此外，结构不同的相机有不同的闪光同步方式。上文所述的闪光同步快门速度对应的是常规的"前帘同步闪光"的闪光同步方式，专业相机还有"后帘同步闪光"的闪光同步方式。当选择"后帘同步闪光"的闪光同步方式时，闪光是在快门关闭前进行的。在完全依赖闪光灯照明的拍摄情况下，两种闪光同步方式的差异不大，因为只有一次实影。但是如果在环境光复杂、被摄对象又在移动且闪光灯只辅助照明的拍摄情况下，两种闪光同步方式就有明显的差异了。闪光同步方式的选择，取决于摄影师想要定格快门开启时间内动作的起点还是终点，如图 3-3 所示。

前帘同步闪光，定格快门开启时间内动作的起点

后帘同步闪光，定格快门开启时间内动作的终点

图 3-3　闪光同步

3.2.4　测光表

测光表（见图 3-4）可测量被摄对象的表面亮度。摄影师无论经验有多丰富，也无法用眼睛判断闪光灯的实际功率。他需要使用测光表准确地测量被摄对象的照度或亮度，从而确定实际拍摄时所需的光圈值和快门速度值的组合。

亮度
测反射光

照度
测入射光

测光表是专业摄影中必不可少的工具。

测光表的种类很多，它们各自的结构特点、测光区域、测光方式、感光效果、显示方式、选用的光敏元件等均不完全相同。根据测光形式的不同，测光表可分为入射式照度测光表和反射式亮度测光表两大类。它们分别能测出到达被摄对象表面的入射光的平均照度或被摄对象表面的反射光的平均亮度。目前的测光表都兼有测量入射光的亮度和反射光的照度这两种功能。

图 3-4　测光表

3.3 产品摄影技巧

3.3.1 玻璃类产品摄影

玻璃类产品摄影的核心是拍摄出玻璃材质的通透感，给人干净、简单而又没有任何杂质的视觉感受。在具体的拍摄过程中，可用柔光箱打光，让玻璃类产品在画面中显得柔和通透，另外用白色卡纸进行补光，避免过曝。一般采用顺光、侧逆光拍摄玻璃类产品，拍摄角度在 $45° \sim 90°$。

透明的玻璃类产品受到来自不同角度、方位的光的照射，会产生不同的效果。被逆光照射时，玻璃类产品不同厚度的部位及各个面会形成拥有不同亮度的表面和不同明暗效果的棱角或线条，更好地体现出整体的轮廓。而被侧面光照射时，玻璃类产品的受光面更容易形成反光，很好地表现出玻璃类产品的质感。

以图 3-5 为例，主灯不直接照射玻璃类产品，而是通过背景布的透射从后方照亮并穿透玻璃类产品，让其看起来明亮通透，并在边缘形成暗色的线条，勾勒出玻璃类产品的轮廓。若轮廓不清晰，摄影师可以在画面之外分立黑色的卡纸，通过调节其高度和宽度来控制映入玻璃类产品边缘的暗色线条的粗细与连贯性。静物台铺设镜面包装纸，以求获得倒影和黑白分明且抽象化的前景。

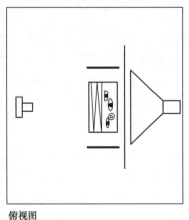

俯视图

图 3-5 黑色线条的玻璃产品拍摄（张泽珊 / 摄）

在图 3-6 中，摄影师采用深色背景和顶侧光，在玻璃类产品两边分立两张白色条形反光纸。

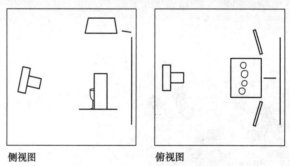

侧视图　　　　　　　　　　俯视图

图 3-6　玻璃类产品亮边表现方法（阿伦·琼斯 / 摄）

3.3.2　皮革类产品摄影

皮鞋与箱包是常见的皮革类产品。一张质感丰富的照片会让消费者产生购买的冲动，因此，皮革类产品摄影需要用质感与细节将皮革的档次体现出来。

首先，皮革类产品本身漆面的反光会比较严重，颜色又以深色为主，所以摄影师在拍摄时要不断地调整灯光的强弱与角度，不宜采用直射光。其次，产品的摆放姿势与整体造型应体现其高品质。最后，摄影师除了拍摄皮革类产品的整体（见图 3-7）之外，还需要拍摄高档皮革类产品的细节（见图 3-8），如鞋子的内部、商标、鞋跟甚至缝合的线脚，这些都能突显其设计特色。在拍摄皮革类产品时，为了突出其皮革纹理，摄影师往往会用大光圈，微距拍摄出皮面颗粒特征。

图 3-7 使用蓝色背景纸，后部环形灯给光，左上方带柔光箱的灯突出鞋面质感，让鞋子与倒影在画面中对称，构成稳定的等边三角形，再加一朵小菊花点亮整个画面。

图 3-8 使用侧逆光，用反光板补光以展示质感，后期多次曝光展现细节特征。

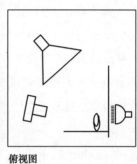

俯视图

图 3-7　鞋子（曼纽尔·费尔南德斯／摄）

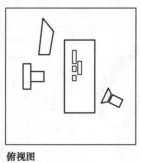

俯视图　　　　　　　侧视图

图 3-8　箱包（曼纽尔·费尔南德斯／摄）

3.3.3　金属类产品摄影

　　钢铁是现代工业的骨骼，机械化、电子化产品在生活中处处可见。小到钟表零件（各色螺钉），大到汽车发动机、轮船曲轴、螺旋桨，都可作为金属类产品摄影的被摄对象。

金属类产品摄影是广告摄影的难点之一。因为大多数金属表面是镜面的，会映射出周围环境，所以金属类产品摄影一般都是在四面黑绒的环境中进行的，使产品呈现出抽象、洁净的美感。从影调的角度来看，金属类产品一定有一个完全是黑色的黑带区和完全是白色的高光区。

摄影师如果无法找到四面黑绒的标准影棚，可用黑色卡纸搭建一个半包围式工作台，这样比较容易控制金属类产品表面黑带区的长短与宽窄。

无论金属类产品的光泽度是高是低，摄影师都要避免使用硬光直射——否则其表面要么产生强烈的耀斑，使高光溢出；要么产生浓重的阴影，将暗部细节层次隐没掉。拍摄金属类产品时一般使用反光板反射的光或扩散屏发出的光作为主光，类似于隔离罩布光法。

布光要点：被摄对象的明暗反差和光斑，这既是拍摄的难点，又是表现金属类产品表面质感不可或缺的，因此在布光时既不可改变被摄对象表面正常的色调和明度，又要控制光斑的面积和位置，并适度运用黑、灰卡纸强化产品的立体感和质感。

1. 采用软光照明

布光时要采用大面积的软光照明，光照要均匀、柔和，可用柔光箱和各种反光工具（如反光板）、扩散工具（如硫酸纸、半透明的聚酯布）等。

2. 具体拍摄操作

金属类产品会将周围杂物映射出来，因此摄影师必须用隔离罩将金属类产品与外界环境隔绝开来。隔离罩不仅可消除周围环境对被摄对象的干扰，还可使光质变软、变柔。摄影师的手和脸在拍摄时都应用黑布遮挡住，只露出相机镜头。

3. 控制光斑

光斑是反光体定向反射照射在自身表面的光而形成的高光区域。在反光体表面出现的齐整高光，可以在被摄对象上精准地展现。但是被摄对象表面结构越复杂、棱角越多，光斑也就越杂、越碎，从而影响被摄对象的整体美感。一般情况下，金属类产品上只可有一个主光斑，其他光斑则根据摄影师所期望的画面效果而定。不锈钢水壶的拍摄如图3-9所示。

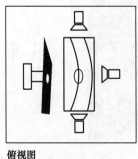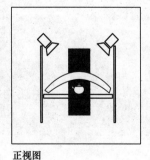

俯视图 　　　　　　正视图

图 3-9　不锈钢水壶的拍摄

琉璃与金属材料质感一样，属于高反射率材质，图3-10所采用的布光方式为左右使用条形柔光箱。

图 3-10　《琉璃辣椒》（托尼·L.科贝尔 / 摄）

本章实践指导

翻拍的注意事项。

1.布光要均匀。可用自然光或灯光，自然光以柔和的散射光为好。布光时，灯光照射方向应与镜头呈45°，左右两边使用的灯光的强度应相同，并与被摄对象的距离相等，这样才能保持画面照明均匀。

2.保持相机的稳定。翻拍时，要把相机固定在翻拍台（见图 3-11）或三脚架上，不要在附近走动，以免引起相机抖动。

图 3-11　翻拍台

3. 被摄对象的表面与底片或感光元件的表面必须保持平行，如果被摄对象表面凹凸不平，摄影师要用平薄无色的玻璃将其压盖住，使它呈现平坦状态后再进行翻拍。

若翻拍大尺寸美术作品，通常选择天气晴朗的日子，在上午 10 点至下午 3 点这个时间段，把被摄对象放在灰色建筑物的阴影中，用标准镜头拍摄。相机的色温选项（白平衡模式）设置为背阴。

4. 若翻拍电视屏幕，需要注意快门速度的设置。由于电视是以逐行扫描的形式显示图像，大约每分钟更新 25 ～ 30 次屏幕动态，因此相机的快门速度应该设置在 1/30s 以下；实践证明，1/15s 的快门速度效果最佳。摄影师也可以直接将曝光模式调整为快门优先，将快门速度设置为 1/15s，相机就会自动调整感光度和光圈来实现合适的曝光。

作品欣赏

在图 3-12 中，咖啡壶被放在深色玻璃台板上，条形柔光箱辅助给光，突出了咖啡壶的质感。

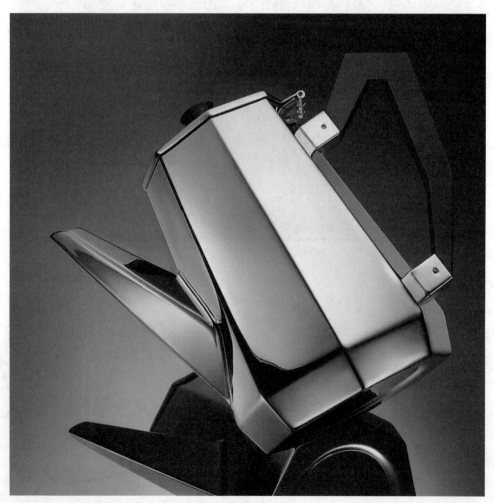

图 3-12 《咖啡壶》（佚名 / 摄）

　　图 3-13 是某混合动力汽车的广告片。这款混合动力汽车采用的是多级混合动力系统，它的外形非常有未来感。摄影师想表现它的这种科技感与动感，但是又不想照片有过多的计算机制作痕迹。最终，摄影师采用功率恒定的电影灯机给出有色光进行拍摄的方法，利用红与蓝的对比来表现油电两种动力的转换和融合。但电影灯机给出的光的亮度弱，有时曝光时间会长达 20s，摄影师便在曝光过程中随机轻微移动相机和灯光，让影像模糊、叠化，产生运动感。因为每一张照片的运动轨迹都不一样，所以照片中有很多随机性色彩与形体，恰如不确定性的绘画因素。尽管使用了非常规的布光方式，但整体画面仍然在摄影师的掌控之中，产品在画面中仍旧具有很高的辨识度。

图 3-13 《汽车广告》（彭杨军 / 摄）

图 3-13　《汽车广告》（彭杨军 / 摄）（续）

思考与练习

1. 学会使用测光表，运用闪光指数与光圈的关系探索理论与实践之间的差异。

2. 借助台灯，利用两种表现方式完成玻璃产品摄影。

3. 用台灯布光，完成一幅体育器材产品摄影作品。

4. 进行微距摄影练习。无微距镜头的读者可将镜头反接进行拍摄（需购置一个螺口转卡口反接环），操作方法如下。

（1）购买一个与相机匹配的螺口转卡口反接环，把卡口对准相机拧上，再将镜头倒装在反接环的螺口上即可。

（2）拍摄时先测光。数码相机镜头在反置接驳使用时往往无法调整光圈值，只能利用镜头最大光圈值测光，此时机载测光系统仍然可以给予曝光指示，配合曝光速度调节，可以测出最大光圈值下所用快门速度。如果相机镜头有机械外置光圈调节环，则可以用手指拨动光圈拨杆，进行收缩光圈值测光。

（3）前后移动相机进行调焦（因为倒接镜头后，变焦环几乎不起作用），完成调焦后，拨动光圈拨杆，缩小光圈，然后按下快门按钮拍摄。

这种方法虽然没有专业微距镜头方便，但拍出的画面整体效果不错。

第 4 章

人像摄影

　　摄影最初关注的领域是人像记录，它简化了画家繁复的手工劳动，将人类的自我观察带入了一个新的高度。人类的文化艺术活动从来都没有停止过对过去的反思和对未来的探索。其间，"人"是永恒的主题。

　　本章将介绍人像摄影的基础知识并继续利用灯光对造型技巧进行讲解，通过分析证件照拍摄、人像摆拍、人像抓拍等的摄影技巧，让读者在拍摄人的外表的基础上，也注重人的精神层面的表达。

4.1　人像摄影概述

4.1.1　人像摄影的概念

　　人像摄影是指用照片描绘和表现被摄对象的相貌和神态的一种摄影形式。

　　在很久以前，人们就以绘画的方式记录人的外貌。从 14 世纪到 19 世纪早期，油画是记录的主要方式，其制作技术也非常成熟，产生了不少优秀的肖像画家和肖像作品。当摄影术发明之后，人像记录立刻成为被关注的领域。1841 年 3 月 23 日，英国商人比亚德和一位名为高达德的科学家在伦敦皇家工艺学校的屋顶上共同开设了世界上第一家商业人像摄影工作室。这家"简陋"的人像摄影工作室，依靠屋顶光源照明，用烦琐的曝光方式，把人类对自身相貌的关注带入了一个新的时代。

　　当时技术条件有限，人像摄影还仅仅处于初始的模拟绘画风格阶段。随着摄影技术的不断进步和人们艺术观念的进步，人像摄影在今天已经有了很大的变化。如今，电子闪光装置、高速自动对焦镜头、新型感光材料的诞生，使一名摄影师在短时间内就能快速完成人像的拍摄，而且可以比绘画更为方便和准确地捕捉被摄对象细腻的微表情。这些技术条件的改善，大大拓展了摄影师创作新图式的可能性。

4.1.2　人像摄影的特点与要求

　　一幅优秀的人像摄影作品，是许多成功因素的总和 —— 神情、姿态、构图、照明、曝光等均要达到较高的境界，它们是一个总体的各个组成部分。

　　人像摄影与一般的人物摄影不同，人像摄影以刻画与表现被摄对象的具体相貌和神态为首要任务。虽然有些人像摄影作品也包含一定的情节，但它仍以表现被摄对象的相貌为主，而且相当一部分人像摄影作品只交代被摄对象的形象，没有具体的情节。而人物摄影以表现有被摄对象参与的事件与活动为主，它以表现具体的情节为主要任务，而不是去表现被摄对象的相貌和神态。二者之间的重要区别在于是否具体描绘被摄对象的相貌。当然，从广义上来说，人像摄影拍的是人，它属于人物摄影。

　　人像摄影以刻画和描绘被摄对象的相貌与神态为自己的首要任务，所以其作品应该相貌鲜明。人像摄像作品分为照相室人像、室内特定环境人像和户外人像三大类。人像摄影的要求是形神兼备。

4.2 灯光的造型因素

4.2.1 影调

影调又称照片的基调或调子，指画面的明暗层次、虚实对比和色彩的色相明暗等之间的关系。这些关系使影像画面具有一种音乐般的节奏与韵律，画面中的线条、形状、色彩等元素都需要借助影调来实现。

自然界中所有的颜色都有三个重要属性：色相、饱和度和明度。其中明度是眼睛对光源和物体表面的明暗程度的感觉。在黑白胶片时代，自然界千变万化的色彩虽然只保留了明度，但我们也可以辨别和欣赏被摄对象。我们对影调的认知可以先从画面的黑白关系入手。被摄对象的明暗关系与层次是构成影调的基本因素，是造型处理、画面构图、气氛烘托、情感表达的重要表现手段。

按画面明暗区间来划分，影调可分为亮调（高调，见图 4-1）、暗调（低调，见图 4-2）和中间调（灰色调）三种；而按画面得到的明暗反差强弱来分，影调可分为硬调、软调和中间调等形式。在摄影作品中，这些影调与被摄对象的特质紧密结合，就可以形成一个关于影调的总倾向——基调。

图 4-1 《高调人像》（陈海 / 摄）
（f/28，1/125，室内自然光）

图 4-2　《低调人像》（陈海 / 摄）
（f/8，1/125，室外午后阳光）

影调是物体结构、色彩、光线效果的客观再现，也是摄影师运用表现手段而得到的结果。光线、角度、取景范围的选择，都直接影响影调的呈现形式。

4.2.2　光比

摄影师为更好地控制画面的明暗反差，引入了光比的概念。光比一般指摄影中整个画面暗部和亮部的受光强度比例，是摄影的重要参数之一。

若画面照明平均，则光比为 1∶1；若亮部受光是暗部的 2 倍，光比为 1∶2；以此类推。

光比可使用外置测光表测量，以入射式测光方法分别测量亮部与暗部，比较光圈值即能算出光比。

若亮部的测光表读数为 f/111，暗部读数为 f/18，2 次测量得到的快门速度值与感光度相同，则光比为 1∶2；若亮部读数为 f/111，暗部读数为 f/15.6，光比为 1∶4。规律为 1∶2n（n= 光圈挡差）。差值超过一挡光圈而不足两挡光圈一般认为光比为 1∶3，这是人像摄影中最常用的光比。不同光比下的石膏像如图 4-3 所示。

光比对摄影最大的意义是调节画面的明暗反差。画面的明暗反差大则画面视觉张力强，画面的明暗反差小则画面柔和平缓。很多摄影师所说的"硬调"即高反差，"软调"即低反差。

人像摄影中，反差能很好地表现被摄对象的性格。高反差显得被摄对象刚强有力，低反差则显得被摄对象柔媚。在风光摄影、产品摄影中，高反差画面给人坚硬之感，低反差画面则偏向平淡。

图4-3　不同光比下的石膏像（光比分别为1：8、1：4、1：2）

4.2.3　光质

光质是指拍摄所用光线的软硬性质。光线可根据光质分为硬质光和软质光两类。

硬质光即强烈的直射光，如晴天的阳光和人造灯中的聚光灯、闪光灯的灯光等。

硬质光照射下的被摄对象表面表现为受光面、背光面及投影非常鲜明，明暗反差较大，对比效果明显，这有助于表现受光面的细节及质感，形成有力度的、鲜活的艺术效果。

软质光是一种漫散射性质的光，没有明确的方向，在被摄对象表面不会留下明显的阴影，如大雾中的阳光、泛光灯的光等。软质光的特点是光线柔和、强度均匀、光比较小，形成的影像反差不大，主体感和质感较弱，如图4-4所示。

图4-4　《古装人像》（陈海／摄）
（f/1.4，1/640 s，35mm）

图 4-4 中，摄影师利用阴天树林中柔和的光线，表现了被摄对象简单、柔和的内心世界。f/1.4 的大光圈模糊了焦点之外的树林的边界，使画面产生了虚化效果。后期处理时降低了 15% 饱和度。

4.3　人像摄影技巧

4.3.1　证件照拍摄

1. 常用证件照的规格

常用证件照的规格如表 4-1 所示。

表 4-1　常用证件照的规格

证件照规格	实际尺寸	要求像素	排版
一寸	25mm×35mm	600px×400px 以上	一张 5 寸相纸上排 8 张
小两寸	33mm×48mm	600px×400px 以上	一张 5 寸相纸上排 4 张
两寸	35mm×49mm	600px×400px 以上	一张 5 寸相纸上排 4 张

一张 5 寸相纸可以排 8 张一寸照，如图 4-5 所示，当然也可以排 4 张两寸照。证件照按照尺寸来定义主要有一寸、小两寸、两寸 3 种，其中一寸照和两寸照主要用于毕业证书、简历等，小两寸照主要用于护照。常见证件照对应尺寸如表 4-2 所示。

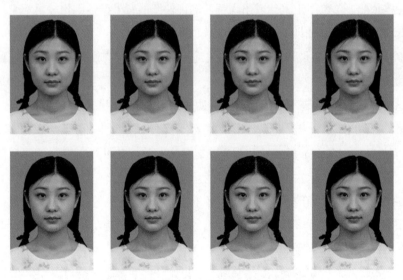

图 4-5　一张 5 寸相纸排 8 张一寸照的版式

表 4-2　常见证件照对应尺寸

名称	规格	名称	规格
一寸证件照	25mm×35mm	护照	33mm×48mm

续表

名称	规格	名称	规格
两寸证件照	35mm×49mm	身份证照	26mm×32mm
3寸证件照	50mm×72mm	驾驶证照	22mm×32mm
往来港澳通行证照	33mm×48mm	赴美（国）签证照	50mm×50mm

2. 证件照的拍摄要求

拍摄证件照要求使用光面相纸，背景颜色为白色或淡蓝色，被摄对象着白色服装时应用淡蓝色背景，着其他颜色服装时最好使用白色背景。照片要求人像清晰、层次丰富、神态自然，公职人员不着制式服装，儿童不系红领巾。若拍摄半身证件照，即照片尺寸为33mm×48mm，被摄对象在照片中的头部宽度为21～24mm，头部长度为28～33mm。

3. 证件照的拍摄技巧

（1）证件照拍摄实际上对数码相机的要求不高，具备2～3倍的光学变焦能力、200万像素以上的数码相机通常都可胜任。

（2）拍摄焦距最好控制在中长焦段（相当于135相机85～135mm）范围，避免使用广角端让画面产生夸张的畸变，或使用长焦端让画面中人物的脸部缺乏立体感的情况。

（3）背景布是证件照拍摄必不可少的重要工具，拍摄护照、驾驶证照、身份证照等使用白色背景布，一些企业、单位用于宣传或出入证明的证件照的背景颜色则比较灵活，可以为单色，也可以为渐变色，甚至可以是具备一些条纹或纹理的背景。

（4）一个稳定的三脚架是证件照拍摄的关键，特别是在没有影室灯光的室内和阴天的室外拍摄时显得尤为重要。

（5）在室内拍摄还必须有不少于3盏可移动并方便调节高度的灯具（白炽灯或荧光的台灯、落地灯均可）。

（6）在室外拍摄时最好准备一块反光板，以便进行暗部的补光，控制画面反差大时的光影效果。

证件照的拍摄是非常严谨的，要求被摄对象衣着得体、整洁，发型和服装搭配，表情自然，拍摄时眼睛要看向相机镜头。此外，在拍摄前，摄影师必须明确所拍摄证件照的类型，以此决定被摄对象的摆位及背景和灯光的选择。

这里要提到被摄对象的摆位问题，几乎所有常见的证件照都是被摄对象端坐在镜头前。然而，某些企事业单位领导人等的证件照稍有变化，即身体稍微向左侧或右侧转15°，通常这样拍出的证件照比以端坐姿态拍出的证件照更加具有亲和力。此外，还有一些证件照要求为45°的半侧面角度，这些细节需要特别注意。

4.3.2 人像摆拍

所谓人像摆拍，就是摄影师根据自己的设想，创设一定的环境，设计一定的情节，让被摄对象表演，最后进行拍摄的过程。在这个过程中，摄影师还需充当导演的角色。很显然，摆拍的摄影作品往往具有更好的用光与构图、更经得起推敲的背景、更理想的模特和更具戏剧性的情节。所以人像摆拍能带来很大的艺术造型空间，也是我们学习室内人像摄影的基本方式。

1. 伦勃朗光

伦勃朗光是人像摄影中的一种布光方式。它的基本光效是在被摄对象正脸部分形成一个三角形的亮区，故也称作三角光，由被摄对象眉骨和鼻梁的投影及颧骨的暗区包围形成。它源于荷兰著名画家伦勃朗所画的各种自画像的布光方式。伦勃朗采用强烈的明暗对比画法，用光线塑造面部形体，得到的画面影调层次丰富，展现了简练且主次分明的艺术效果。而后摄影师借鉴了这位画家的布光方式，并把这种布光方式运用在人像摄影中（见图4-6）。

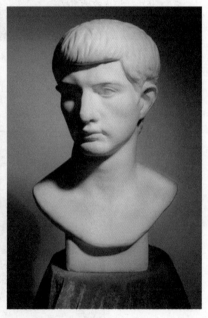

图4-6 伦勃朗与采用伦勃朗光拍摄的影像

伦勃朗光的主要应用方式就是单灯45°正侧方布光，从额头、眉骨、鼻翼、嘴角到下巴形成连续不断的明暗交界线，并且在暗部形成三角形投影包围的亮区。这种布光方式使人物面部的2/5都在阴影中，立体感强，被摄对象五官得到强烈的凸显与强调，适合矫正脸型拍摄。

在图4-7中，摄影师运用伦勃朗光布光方式，刻画了演员精致的五官，抬起的右手轻触额角，这既自然生动，又掩饰了其左右眼轻微不对称的小缺点。

20世纪80年代中期，美国好莱坞出现了一位擅长拍摄演员照片的青年摄影师，他就是30岁出头的赫伯·瑞茨。

瑞茨偏爱自然光。他说："室外的空气和阳光让所有的一切都显得那么新鲜。"瑞茨拍摄的演员照片，跟传统的演员照片大不相同。在他镜头前的女演员往往只化淡妆，男演员不但不化妆，有的连胡子都不刮。瑞茨善于挖掘演员的本色之美，并将之淋漓尽致地表现在照片中。

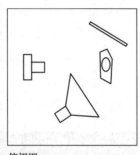

俯视图

图 4-7 《汤姆·克鲁斯》（D. 科克兰德 / 摄）

在拍摄图 4-8 所示的作品时，瑞茨仍旧坚持使用从窗户射入的自然光，通过经典的伦勃朗光布光方式，大胆截取额头和浓密的胡须，塑造了一个智慧老人的形象。

图 4-8 《老人肖像》 （赫伯·瑞茨 / 摄）

2. 蝴蝶光

蝴蝶光也叫派拉蒙光，是美国好莱坞早期在影片或剧照中拍女演员等惯用的布光法。它采用对称式照明，是人像摄影中一种特殊的布光方式。蝴蝶光从某种意义来说是斜顶光，也是正面光或者顺光的一种用光方式。

蝴蝶光的具体布光方式是主光源在镜头光轴上方，也就是在被摄对象面部的正前方，光线由上向下以45°投射到被摄对象的面部，在其鼻子下方投射出阴影，阴影近似蝴蝶的形状，使被摄对象面部具有一定的层次感。阴影的深浅和方向要根据具体的环境来设置。

蝴蝶光通常适合拍摄浪漫而古典的主题，西方早期的人像摄影师一般都采用蝴蝶光来拍摄人像。蝴蝶光比较适用于拍摄轮廓分明的人，用于拍摄气质优雅的女性被摄对象要比拍摄男性被摄对象的效果更加理想。用蝴蝶光拍摄的照片会把观众的注意力牢牢地吸引到被摄对象的面部中心部位（见图4-9）。

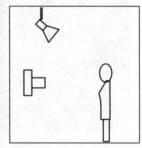

侧视图

图4-9　《披婚纱的女孩》（余家豪／摄）

3. 多灯复杂布光

除了经典的伦勃朗光和蝴蝶光外，还有左右平均的环形布光、顶光等多灯复杂布光方式，用灯可能多达5盏。就灯的用途来说，会有背景灯、发灯、主灯、副灯、轮廓灯……

在图4-10中，人物左侧带有柔光箱的灯作为主灯，反光板用于改善光比，头顶上方的灯强烈地打出轮廓光，将被摄对象从背景中分离出来。

侧视图　　　　　　　　　正视图

图4-10　《小左》（肖彦希／摄）

4. 投影与分割

在光线的照射下，被摄对象会产生明暗变化，其表面也会产生投影。投影不仅可以分割画面，如果加以巧妙利用，还可以将被摄对象所在的环境隐晦地表现出来。投影与分割也是现代摄影常见的布光方式（见图 4-11、图 4-12）。

图 4-11 《思念》（刘勇／摄）

图 4-12 《窗前的女孩》（彭冰玉／摄）

4.3.3　人像抓拍

抓拍又名写实抓拍，既是一种摄影技巧，又是一种摄影观念。对新闻摄影记者来说，抓拍还是一种立场和一项原则。

相对于用三脚架拍摄或产品摄影来说，抓拍是捕捉被摄对象转瞬即逝的影像。例如，足球比赛中的精彩进球瞬间。这既是抓拍的概念，更是抓拍区别于其他摄影方法的显著特征。与有计划的摆拍相比，抓拍中的被摄对象完全处于自然状态，拍摄时没有迎合摄影师。抓拍完全靠摄影师的手、眼与相机协同，快速地捕捉被摄对象的姿态与表情，从而实现自己对画面的预想。抓拍是对摄影师预见能力的一种考验。

严格来说，在人像摄影等领域中，摄影师在按下快门按钮之前，没有与被摄对象达成一致的"表演"都具有抓拍的属性。抓拍是一个摄影师应该具备的基本技能。

决定性瞬间

决定性瞬间（Decisive Moment）是法国摄影师布列松于 1952 年在他的摄影集《决定性瞬间》中提出的摄影美学观念，特指通过抓拍手段，在极短暂的几分之一秒内，对具有决定性意义的事物加以概括，并用强有力的视觉形象表达出来，如图 4-13 所示。

图 4-13　布列松与他的作品《圣拉扎尔火车站背后》
（1932 年摄于法国巴黎）

图 4-13　布列松与他的作品《圣拉扎尔火车站背后》
（1932 年摄于法国巴黎）（续）

　　这种抓拍的摄影思想同时也被与布列松同时代的德国摄影师爱瑞克·萨洛蒙、英国摄影师比尔·布兰特、匈牙利著名战地摄影记者罗伯特·卡帕等摄影名家所推崇，并发展成为新闻摄影表达最有效的手段之一。

　　"在摄影中，任何微小的事物都可以成为伟大的主题。"布列松提出了摄影史上著名的"决定性瞬间"观点。他认为，世间万物都有其决定性瞬间，他决定以决定性瞬间捕捉平凡人生的精彩瞬间，用极短的时间抓住被摄对象的表象和内涵，并使其成为永恒。

　　被摄对象在运动的时候虽然是连续不断的，但是总有一些点是具有典型性的，是可以让观众进行联想的。

　　决定性瞬间一般由以下 3 个方面构成：

　　（1）意义，即内涵的明确表达；

　　（2）空间，即构图的组成完美；

　　（3）时间，即时机的捕捉。

　　决定性瞬间发生在前两者展现其最佳状态的时刻。日本摄影师木村伊兵卫对此的解读更为简单："决定性瞬间就是光线、构图与感情相一致的瞬间。"

本章实践指导

室内伦勃朗光人像坐姿半身像范例如图 4-14 所示。

图 4-14 《父亲》（青石／摄）

1. 选择合适的背景，在背景前约 3m 处架好三脚架，调整好光源的大致位置（室外应选择在避免阳光直射的地方拍摄，并做好补光工作）。

2. 请被摄对象在背景正前方 1m 左右的位置坐下，根据其面部特点摆放光源，采用顺光，或者灯光从两侧前方 45° 方向照射。注意保证被摄对象下巴处的阴影不要太重。

3. 拍摄前手动校正白平衡，并试拍测光（可选用点测光方式为被摄对象的面部测光，或用测光表在被摄对象左右脸颊测光）。

4. 画面要求头上部空少许位置，头部、上身约占 7/10，左右各空约 1/10。相机位于被摄对象的胸腔高度，使用 50mm 标准镜头。

5. 指导被摄对象调整姿态和眼神，抓住被摄对象表现自然的瞬间，按下快门按钮，完成拍摄。

作品欣赏

在图 4-15 中，被摄对象回眸一笑，头发轻舞飞扬，是摄影师多次构想的结果。摄影师连续快拍多张，最终选择了这一张。

图 4-15　《轻舞飞扬》（陈海／摄）
（f/2.8，1/500s，ISO400，200mm）

在图 4-16 中，逆光下，被摄对象小心翼翼地走下小山坡，阳光勾勒出她的身影，一切都那么美妙，摄影师不失时机地按下了快门按钮。

图 4-16 《林光》（陈海／摄）
（f/2.8，1/500s，ISO400，135mm）

　　摄影师在拍摄图 4-17 时，很难让性格羞涩的被摄对象摆拍，所以选择让她站在石头上（限定其活动范围）跳一段熟悉的舞蹈（放松心情）。在这个过程中，摄影师拍到了理想的画面。

图 4-17　《风吹过》（陈海／摄）
（f/2.8，1/500s，ISO400，135mm）

思考与练习

1. 了解一些化妆的基本知识与技巧。

2. 谈谈你对光比、光质、光位的认识。

3. 什么是决定性瞬间?

4. 尝试在自然光下用顺光、逆光、侧光、顶光拍摄一组人像照片。

5. 用伦勃朗光、蝴蝶光拍摄一组人像照片。

第 5 章

建筑摄影

建筑不仅能满足人们生活的需要，还能满足人们对科技与艺术的欣赏需求。尽管随着时代的发展，建筑的含义在不断延伸，人们对建筑的审视视角也在不断扩大，但视觉之美始终是建筑师的不懈追求。建筑摄影师不仅要再现建筑师塑造的建筑美，还需要加入自己对建筑与时间、空间的理解。

通过本章的学习，读者可以了解建筑摄影的基本知识，并就建筑的美学进行探讨，掌握建筑摄影的基本表现形式。

5.1　建筑摄影概述

5.1.1　建筑摄影的概念

建筑摄影是以建筑为被摄对象，用摄影语言表现建筑的专题摄影。建筑摄影在拍摄选题、器材选用、构图用光、捕捉瞬间等方面都有一定的专业要求。一幅优秀的、能被摄影界和建筑界共同认可的建筑摄影作品不仅可用于观赏，在新闻、商业上也有着广泛的利用价值，在建筑学术领域更是有着很高的参考价值。因为在国内外的建筑界，特别是高等院校的学生，都习惯通过专业书刊上的建筑摄影作品来交流、学习，并借以启发自己的设计灵感。

5.1.2　建筑摄影的特点与要求

写实类建筑摄影要求忠实表现建筑师的设计意图和建筑的功能，客观、真实地再现建筑的正立面、侧立面、透视效果和室内装饰等情况。

写意类建筑摄影属于艺术摄影范畴，更多表现的是摄影师对建筑的主观感受，摄影师通过对建筑的观察和表现来反映自己的摄影思想。这种拍摄方式几乎可以完全摆脱客观的限制，摄影师根据自己的理解和感悟，运用各种各样的摄影技术来表现建筑的韵律美、色彩美和构图美。

建筑摄影的拍摄主题范围很广，可以是一栋建筑，也可以是建筑群或一个地区、一座城市；可以是建筑整体，也可以是建筑的局部；可以是室外建筑，也可以是室内建筑；等等。摄影师应善于根据照片的用途去发现富有代表性的拍摄主题，这类拍摄主题一般表现为以下几方面。

（1）反映区域特征的城乡鸟瞰图。

（2）反映城市独特面貌的天际线景观图。

（3）反映建筑与人之间关系的城市广场、街道等交互空间场景图。

（4）反映建筑与建筑之间关系的建筑群图。

（5）反映建筑与艺术之间关系的建筑局部图，包括屋顶、立面、花窗、壁画、台阶等。

（6）反映建筑与历史之间关系的特殊文化建筑图。

（7）重点保护的历史性文物建筑。

拍摄时，摄影师需要掌握一些建筑设计的基本知识，了解建筑师在结构、材料、环境、建造技术等方面的设计意图，尽可能以建筑师的视角来观察建筑。建筑行业中使用的照片，在建筑监管、验收、评估以及房地产销售宣传中有着重要的作用，建筑摄影需要做到构图精巧、调焦精确、曝光精准，特别要注意避免"透视失真"的现象，以便真实地将建筑的形体、线条、尺度、比例、质感和色彩等信息准确地传递给读者。

摄影师如果想拍出优秀的建筑摄影作品，就一定要多与建筑师进行交流，学会将以下建筑造型语言转化为影像视觉要素。

1. 形体

建筑的形体是内部空间符合逻辑的反映，有什么样的内部空间就有什么样的形体。建筑师充分利用这种特点，使不同类型的建筑各具独特的个性特征，这就是为什么我们所看到的建筑物并没有贴上标签，我们却能轻易区分它们是住宅，还是医院、电影院等。

用形体展现建筑空间的深度，可以让观众感受建筑的三维空间。当用平面的照片来表现三维的建筑时，其表现力度在很大程度上依赖于摄影师运用视觉透视和阴影来增强建筑的空间感（见图 5-1）。

图 5-1　谷仓（爱德华·韦斯顿／摄）

2. 轮廓

建筑是三维的形态，但在人的视觉中又常常以二维的形状出现，其最典型、最简洁的形状之一就是其轮廓。当建筑背光时，光线从建筑的背面射出，在强光照射下，轮廓成了建筑的主要视觉要素，而空间、质感、色彩等其他视觉要素统统都隐没其中。摄影师在拍摄时要善于运用各种视角、光影效果，对富有表现力的建筑轮廓加以利用和强调，使其能在画面中简洁、清晰、鲜明地表现出建筑的视觉形象（见图 5-2）。

图 5-2 《蒙特贝罗题路与阿什维什桥》（尤金·阿杰特／摄）

3. 线条

线条在建筑的视觉要素中同样占有重要的地位。在建筑中，纵横交错、刚柔并济的线条不仅是建筑空间界面的转折起止，还是建筑师对空间韵律的表达。通常建筑摄影中的线条并不直接以"纯粹线条"的形式出现，而是更多以构件的外形特征在画面上展现出来。例如建筑的柱子、墙体、屋顶、楼梯、栏杆等构件都可能会在照片上呈现为各种线条，它们明暗有致、前后错落，或柔美，或雄强，如诗如歌（见图 5-3）。

图 5-3 《建筑线条》（爱德华·韦斯顿／摄）

5.2 建筑与时空

微课视频

5.2.1 建筑与时间

建筑艺术是四维艺术，建筑摄影作品应该加入时间的概念。一个建筑项目从启动到竣工一般需要 1 ～ 2 年甚至更长的时间。在整个过程中，建筑一天天地趋于完善，如同有生命的个体的成长；建筑被修建完成后，它开始真正地融入环境。建筑会在时间序列里产生建筑空间差异。

很多人都有这样的感觉：新建筑看起来总是那么突兀，不如老房子那样和谐。当建筑刚刚完成时，它拥有婴儿般的纯粹，但是因为没有经历自然环境的打磨，它又是青涩的。在风、雨、日、月的共同作用下，新建筑才会慢慢成熟，时间会给它带来变化，它与环境逐渐变得协调。观察图 5-4 和图 5-5 可知，摄影师还可拍出具体时间状态下的建筑，如朝霞中的、夜色中的，甚至风雨中的。

图 5-4 《舞》（喇瑞良 / 摄）

作品《夜色湘江》使用三脚架拍摄。城市中的霓虹灯勾勒了湘江东岸的建筑群，河面上行驶的船只则增加了画面的动感。

图5-5 《夜色湘江》(刘勇/摄)
(1s, ISO200, 35mm)

5.2.2 建筑与空间

建筑空间是指人们为了满足生产或生活的需要,运用各种建筑视觉要素与形式所构成的内部空间与外部空间的统称。它既包括墙、地面、屋顶、门窗等围成的建筑内部空间,也包括建筑周围环境中的树木、山峦、水面、街道、广场等形成的建筑外部空间。

建筑实体的空间分割通常借助墙、门、窗、道、栏等构件来实现,摄影时需要在不同的视角下摄入这些构件。建筑空间的分割不是绝对的,而是相互渗透和转换的。比如在图5-6中,当船行至桥洞,桥下就变成了容纳观察者的内部空间,远处的房屋则是外部空间。

图5-6 《运河人家》(雪松/摄)
(f/5.6, 1/125s, ISO500)

建筑空间的相互关联可以从以下两方面理解。

1. 室内空间相互关联

在中国的建筑发展史中，古典园林设计有一种空间处理手法——"借景"，或者说"对景"。它是我国古典园林设计中常用的一种手法，也是一种很好的空间关联技巧。"借"，顾名思义，就是用别人的，其实要借的就是别的空间的景和物。这样我们就不难看出，"借景"即把彼处的景与物借至此处。这实质上就是使人的视线能够跳出有限的屏障和隔断，由这一空间而及另一空间或更远的地方，从而获得层次丰富的园林景观。"此中有景更借景"，其特点是通过门、窗、孔洞等去看另一空间中的景物——如山石、亭榭等，从而把另一空间引入这一空间。由于是隔着一层去看的，因而人们常觉得效果含蓄深远。摄影师在理解和拍摄古典园林时尤其需要注意这一点。

现代建筑在空间的组织和处理方面也有其灵活性、复杂性、多样性。建筑师不仅要考虑同一层内若干空间的相互关联，还要通过对楼梯、夹层的处理，使上下层乃至许多层空间互相穿插、渗透。

无论是拍摄中国古典园林，还是现代西方建筑，我们都可以从建筑的内部窥望。

作品《窗语》（见图5-7）是摄影师在一次考察苏州博物馆时所摄。苏州博物馆于2006年10月建成新馆，设计者为著名的建筑设计师贝聿铭。窗外四时变化的树木是室内单调空间不可缺少的一部分，这就是借景的建筑手法，显然，细心的摄影师发现了这一点。图中强烈的光比勾勒了室内人物的轮廓，她与屋外的树隔窗相望。

图5-7 《窗语》（毛毛／摄）
（f/8, 1/125s）

2. 室内空间与室外空间关联

　　现代科技、材料的进步与发展，使建筑室内、室外空间更容易做到相互渗透。现在的建筑不像以前那样使用单一的砖石，而是使用大量的钢材，这为建筑的形态注入了新的血液。现代建筑设计广泛使用钢架结构，其优点是钢架结构所形成的空间跨度更大，而且可以在整个建筑的外表做大块外立面，或者挑架出各类外洞。因此，室内空间就自然地失去了自身所具有的完整和独立性，必然和室外空间连通，使建筑的室内空间与室外空间产生了丰富的层次变化，如图5-8所示。室内灯光细腻地勾勒了建筑的线条，摄影师从内部视角展现了建筑的视觉之美。

图 5-8　《银河 SOHO》（陈杰 / 摄）
（f/13, 1/20s, 16mm）

本章实践指导

夜景建筑的拍摄方法

　　调整三脚架的原则如下。

　　1. 调整高度时尽可能使用粗的脚管，高度不够再使用细的，因为粗的脚管更稳固。如果高度仍然不够，最后才升高中轴。

　　2. 三脚架两支脚管平行向前，一支脚管向后，并夹在自己两腿之间。这样做是为了在狭窄拥挤的空间内用自己的双腿保护脚管不被他人踢到。

　　设置相机的步骤如下。

　　1. 将相机的曝光模式设置为光圈优先，并将光圈设置在 f/5.6 ～ f/16。这么做是为了获得美丽的星芒，而且 f/5.6 ～ f/16 光圈的成像效果一般来说是不错的。光圈太大，景深不够，就没有星芒效果；光圈太小，画面则会受漫射光影响，损失画质并使曝光时间过长，从而产生热噪点。

　　2. 将测光模式设置为评价测光，因为这种测光模式能最大限度地平衡整个画面的明暗关系，使曝光均衡。如果你熟练地掌握了前面介绍的点测光，那完全可以手动测光。

3. 调整感光度，这分两种情况：一般来说要将感光度调整到最低，如 ISO100 ～ ISO200，这样拍出画面的画质会比较好；但如果曝光时间超过了 30s，摄影师可以根据相机的高感控噪能力，将感光度提高到 ISO400 ～ ISO800，以尽可能将曝光时间控制在 20s 以内，避免过长的曝光时间产生热噪点。

4. 手动对焦（焦点一般在全景深的前 1/3 处）。

5. 关闭目镜遮光片，一方面避免影响曝光的准确性，另一方面避免画面中的漫射光影响锐度。

夜景拍摄的最佳时段为太阳刚落下、天快黑时，此时肉眼看上去天黑了，但是天空中的反光还在，拍摄的夜景天空是深蓝色的，十分迷人。具体的时段因季节和地域存在不同，冬季大约在太阳落山后 5～15 分钟，夏季一般在太阳落山后 15～30 分钟，俗称"夜景黄金一刻钟"。

作品欣赏

夜景建筑摄影作品示例如图 5-9 和图 5-10 所示。

图 5-9 《城市夜景》（曹正平 / 摄）
（f/3.5，1/30s，ISO1250）

图 5-10 《福建土楼》（陈涛 / 摄）
（f/8，1/10s，ISO100）

有时黑白建筑摄影也有别样趣味，作品示例见图 5-11。

图 5-11　《江南》（陈涛 / 摄）
（f/8，1/10s，ISO100）

思考与练习

1. 夜景拍摄需要注意什么？

2. 谈一谈你对建筑空间的理解。

3. 找到你所在城市的地标性建筑，并拍摄它（们）。

4. 美国摄影师托比·哈里曼出生于科罗拉多州，热爱自然与城市，拍摄了大量的自然风光和城市夜景。以托比·哈里曼的建筑摄影作品（见图5-12）为例，练习拍摄出现代建筑的几何之美。

图 5-12　托比·哈里曼的建筑摄影作品

第 6 章

新闻摄影

　　摄影技术的发明，弥补了单纯的文字纪录的抽象性的缺憾。相比于单纯的文字记录报道，摄影技术在新闻报纸中的应用起到了视觉补充和佐证的作用。在新闻报道中，文字与照片各有其功能和地位，它们既相互独立，又相互补充。

　　通过本章的学习，我们可以了解新闻摄影中照片的功能和地位之间的相互关系：功能的发挥决定了地位的确立，地位的确立又为功能的发挥提供了保证。此外，我们还需掌握一般新闻照片的拍摄技巧。

6.1 　新闻摄影概述

　　在现代新闻传播过程中，照片地位的提高是通过其功能的拓展来实现的。同时，照片地位的提高和功能的拓展又与整个新闻媒介的发展密切相关。

　　这里说的新闻照片的地位主要是与新闻文字相比较而言的版面地位。新闻照片的基本功能仍旧是新闻的共通职能，其与新闻文字的区别在于有自己的独立语言。

6.1.1 　新闻摄影的概念

　　新闻摄影是指以照片的形式对正在发生的事件进行报道。照片是新闻摄影传播信息的主要手段，它主要依靠抓拍完成，其宗旨是说明事件、传播消息、扩大影响等。此外，新闻照片一般都附有简短的文字说明，以介绍事件发生的背景和过程等。

　　1842年5月5日—8日，德国汉堡发生大火灾，两个德国人——比欧乌和史特尔兹纳用银版法拍摄了火灾遗迹，这被称为新闻摄影的开端。早期的新闻摄影，器材笨重、操作技术复杂，只能记录静态人像及场景；拍出的照片要刊登在报刊上，还须由画家加工改为线画木刻版；从事新闻摄影的大多是照相馆的摄影师。1880年3月4日，纽约《每日图画》用S.H.霍根照相铜版术，印出了照片《棚户区风光》。20世纪20年代，传真术、照相制版术、纸张的改进，特别是小型相机的问世，为新闻摄影的发展提供了物质和技术条件。1928年，德国E.萨洛蒙用小型相机、室内光和不干涉被摄对象的方法抓拍新闻照片，为现代新闻摄影奠定了美学与技法的基础，萨洛蒙因此被称为"新闻摄影之父"。1935—1955年是画报的"黄金时代"，新闻摄影为画报、画刊提供了大量照片。20世纪50年代，电视普及之后，新闻照片在报纸上的作用与地位受到了重视，人们开始了对新闻摄影学的研究。现在，新闻照片已成为一种重要的新闻体裁和报纸版面的有机组成部分。

6.1.2 　新闻摄影的特点与要求

1. 时效性

　　新闻摄影必须体现一个"新"字，它所反映的必须是正在发生的、引人关注的新闻事实，如政治事件、经济消息、社会热点以及反映社会生活的纪实性报道等。

2. 真实性

　　真实性是新闻摄影的生命。虚假的新闻报道只能遭受谴责。新闻报道中的每一个具体事实必须合乎客观实际，即表现在新闻报道中的时间、地点、人物、事情、原因和经过都要经得起核对。新闻摄影作为新闻报道的重要组成部分，也具备这一特点。

3. 典型性

新闻报道的典型性包含典型事件、典型形象、典型瞬间3个方面。新闻的典型性表现为对众多同类新闻的概括性。从新闻的本质意义来说，它不需要具备典型性，而需要具备陌生性和差异性，但我国新闻界更强调新闻的典型性，传播者更钟情典型事件、典型画面。我国主流媒体或主流栏目强调并关注新闻的典型性，而民生类媒体和栏目则更关注新闻的陌生性和差异性。强调新闻典型性的媒体一般以宣教为目的，以发布者为本位；而强调新闻陌生性和差异性的媒体则以传播新闻事实为目的，以受众为本位。新闻摄影作为新闻报道的重要组成部分，也应注重把握典型性。

4. 现场感

新闻摄影应以正确反映事件为主，具有较强的现场感；而不应过分雕琢，因追求艺术效果而有损对事实的报道。

新闻摄影要抓住典型瞬间，再现新闻事实的真情实景及新闻人物的神情相貌，增加人们对新闻的感性认识。新闻摄影的价值在于其为新闻事实的真实性与新闻形象的纪实性的统一。优秀的新闻摄影作品能把新闻价值、历史文献价值与审美价值结合于一体。

新闻摄影应坚持新闻真实性的原则，同时讲究技巧和审美。

南华大学青年志愿者与学校的尼泊尔留学生们在南华大学广场举行祈福活动，为尼泊尔地震灾区人民祈福，如图6-1所示。

图6-1　《祈福》（曹正平／摄）

6.2 新闻摄影中的形象选择与表现技巧

微课视频

6.2.1 形象选择

摄影记者通过采访和对现场的深入观察，应将内容与形式相结合，摄影记者应具有新闻敏感性，要掌握"问"和"看"两项基本功。现场观察要力求深透，随时注意现场的中心和高潮，并力求看到事实发展的全过程。

在深入观察的基础上，找到现场全局中最有代表性的情节，以及事情发展中最有代表性的瞬间，这是新闻照片形象表现的关键。摄影记者在选择过程中不仅要考虑满足报道的需要，还要考虑现场拍摄的可能性，判断要准确，选择要得当。选择是为了拍摄，并且摄影记者要随时准备拍摄。现场情况变化多端，摄影记者万不可死板地遵守"先选后拍"的程序，以致错失良机。

2014年研究生入学考试前，南华大学考点的同学在候考时抓紧时间认真复习，如图6-2所示。

图6-2 《学习者》（曹正平 / 摄）

一般来说，观察和选择在前，拍摄在后；但拍摄中也要有观察和选择，且三者常常是密不可分的。摄影记者拍摄时要充分利用摄影技术与技巧，把初步选定的情节真实地表现出来。这时要以获得最具代表性情节的最佳瞬间形象为中心，并优先选择拍摄点和拍摄时机。拍摄点决定着被摄对象的地位和画面的基本结构，拍摄时机则决定着被摄对象的动势和神态，这些都是构成画面的基本要素，而这些要素实际上也决定着画面的光感、透视效果、层次等其他因素。当然，这些要素的设置有时是相适应的，有时是矛盾的。矛盾发生时，一般应以展示被摄对象的形象为主，避免面面俱到、求大求全，以致妨碍对被摄对象的表现。

1. 感染力

新闻摄影集新闻性、思想性、真实性、时效性和形象性于一体，能将新闻主体的情感浓缩在画面之中，有很强的感染力，给人以简洁、震撼的效果，有"一图胜千言"的作用。

某市区万众瞩目的嘉宝莉漆彩跑活动再次拉开帷幕，5000多位彩跑爱好者涌入广场，如图6-3所示。

图6-3　《彩跑》（曹正平/摄）

新闻摄影应当有"五求"，即求新、求真、求活、求情、求意。这就要求摄影记者在内容和形式上实现真、善、美的统一，要运用艺术手法把握典型瞬间，让形象"说话"，这样才会有较强的思想性和感染力，才会获得更加震撼人心的效果。

2. 信息含量大

新闻摄影主要是以瞬间形象来揭示新闻事实、传播新闻信息。新闻照片所包含的信息越多，新闻价值就越高，也必然越有新意。

信息含量涉及两个方面：一是事实信息含量，二是情感信息含量。

在新闻摄影实践中，我们常常会遇到这样的情况：有的新闻照片似乎并没有包含多少信息，但同样倍受观众青睐。这是因为许多新闻照片尽管事实信息含量不大，但情感信息含量大，所以同样受人欢迎。

曾任《中国青年报》摄影记者的解海龙拍摄的《我要上学》系列照片中的一张《大眼睛》照片（见图6-4），就是一个典型的例子。这张照片与组照中的另一张照片《全校师生》（见图6-5）相比，事实信息含量显然要少得多。在《全校师生》中，乡野背景、大碾盘、穿中式制服的乡村教师和勤奋学习的孩子等充分展现了贫困山区儿童学习的种种特定信息。但是《大眼睛》照片包含更多的情感信息，小姑娘的美丽与贫困山区恶劣的环境形成了鲜明的对比，大眼睛中所透露的天真、纯朴、执着和希望，像探照灯一样直射观众的心灵，让观众无法逃避。正因为如此，摄影记者和观众都已经习惯把这张照片作为整个系列照片的代表作，甚至希望工程也把这张照片作为活动宣传照。

图 6-4 《大眼睛》（解海龙／摄）　　　　图 6-5 《全校师生》（解海龙／摄）

6.2.2 表现技巧

新闻摄影可借助象征意义、幽默瞬间、新颖视角、独家渠道、人物表情和动作以及摆拍手法等来引起观众的关注。

1. 象征意义

新闻摄影是一种以形象的概括性和寄寓性见长的瞬间记录方式。新闻摄影作品画面形象常常表露出某种若明若暗的寓意，喻示着某种画里画外的内涵，更多地渗透着摄影记者的主观认识和思想情感。这种形象常常不把要传递的信息直观地、清楚地表现在画面上，而在较大程度上依靠调动观众的再创造能力，引起观众深层次的思索来补充要传递的信息。因此，新闻摄影得到的画面信息含量越大，新闻价值越高，视觉冲击力越强，也就越富有新意。

此外，象征性瞬间不追求反映事件的全貌，只是把事件中最深刻、最具有象征性的一角、一部分凸现出来，让人窥一斑而知全豹，为摄影记者充分发挥主观能动性，拍摄出富有新意的画面提供了广泛而自由的空间。

世界著名的新闻照片《乌干达干旱的恶果》（见图6-6）就是很好的例子。画面是白皙宽厚的手掌与黑人少年干枯瘦小的手掌相叠的特写镜头，表现了乌干达干旱的恶果。这幅报道灾难的新闻照片没有从正面详细地描述灾难，只选取了灾难中最有象征性的一角，拍摄角度新颖独到，获得了极佳的传播效果。

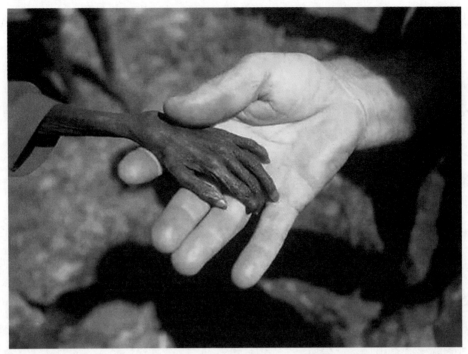

图6-6　《乌干达干旱的恶果》（迈克·韦尔斯／摄）

2. 幽默瞬间

大多数新闻事件中都不乏幽默瞬间。幽默瞬间表面上似乎与事件的意义、本质无关或关系不大，但实际上，它是从另一角度或从侧面反映事件的意义、本质，既能启人心智，又令人轻松愉快。捕捉这一瞬间需要摄影记者具备幽默思维。幽默思维能够帮助人们扯断事物之间习以为常的联系，从另外一个角度来观察世界。幽默瞬间常常赋予画面中的形象以神奇、新颖的意义，拍摄这一瞬间是把新闻照片拍出新意、拍出视觉表现力的主要途径。

1952 年的一天，罗伯特·杜瓦诺去采访工作中的毕加索，毕加索将面包放在餐桌上，它们看起来就像两双少了拇指的巨手。杜瓦诺当然不会让这个有趣的情景从镜头前溜走，于是拍摄了这张照片，如图6-7所示。

图6-7　《毕加索的面包手》
（罗伯特·杜瓦诺／摄）

3. 新颖视角

新颖视角的新闻摄影是指在新闻事件发生的现场，摄影记者在特殊的拍摄位置和角度下拍摄到新闻事件中让人耳目一新的瞬间。这种瞬间以画面的新颖、独特见长。

新闻摄影所面对的题材中，有一大部分是程式化、缺少变化的题材，如体育比赛中的领奖时刻等。采用新颖的视角是拍出新意，让自己的照片从众多照片中脱颖而出的主要方法。

4. 独家渠道

富有新意的新闻照片常常是摄影记者在新闻现场拍到的独家照片。为了拍摄独家照片，摄影记者必须做好充分的采摄准备，除了必要的采访准备和技术准备外，更重要的是对新闻现场的情况要仔细观察，做到心中有数。

5. 人物表情和动作

表情、动作是被摄对象内心情感的外部表现，是揭示被摄对象的精神、气质和性格特征的关键。新闻摄影要想表现被摄对象的内在精神和思想感情，必须通过被摄对象的表情、动作来表现。在新闻摄影中，用表情、动作表现被摄对象的个性特征，必须与表现被摄对象的思想感情联系起来，即通过被摄对象在动作中富有特征的表情和姿态显现的情绪，把被摄对象的思想情感展现出来。

6. 摆拍手法

从世界新闻摄影比赛（荷赛）的参赛照片来看，很多都是经过摆拍、设计、策划的，但是这丝毫没有影响照片的真实性和新闻事件的可靠性与可读性，反而通过画面设计表明了事件的真实性。不管摄影记者用什么方法拍摄（抓拍、摆拍），也不管要达到什么样的画面效果，真实地反映客观事实是新闻摄影的唯一标准。

6.3 新闻摄影中的图文互释

微课视频

完整的新闻报道是把新闻照片和文字结合在一起的一种报道形式。文字说明是其中不可缺少的有机组成部分，它在很大程度上影响着新闻报道的效果。关于新闻照片的功能，国内外都流行这样一种说法：照片是一种"万能的语言""国际的语言"，它冲破了国界，使世界上使用不同语言的人都能看得懂。这种观点已被大多数从事新闻摄影的人接受，甚至导致了一种偏向，即只重视拍照而忽视了文字——照片说明的写作。新闻摄影毕竟不同于艺术摄影，它要提供给人们的是明确无误的客观事实。即使是一张优秀的新闻照片，离开了文字说明，观众通常也无法理解它的主题和具体内容，甚至会产生误解。

美国学者 H. 拉斯韦尔于 1948 年在《传播在社会中的结构与功能》这篇论文中，首次提出了构成传播过程的 5 种基本要素，并按照一定顺序排列它们，形成了后来人们称为"5W 方式"或"拉斯韦尔方式"的过程方式。5W 分别代表英语中的 5 个疑问代词：When——时间、Where——地点、Who（m）——对象、What——事件、Why——事件发生的原因。5W 构成了现代新闻的常规结构。

图文互释表现为语言文字可以用来固定或限制对一个图像的解读，反过来，一个图像的具体展示可以用来加强对模糊语言文字的理解。优秀的新闻摄影报道应该是图文并茂的，在言尽之处用立象以尽意，弥补语言的有限性；在像穷之际立言以深思，拓展图像的表意空间。

6月15日（时间），衡阳市（地点）湘江的支流蒸水河畔（对象），经过两年的连续治理（事件发生的原因），鹭鸟齐飞，蓝天、霞光与洁净的水面相映生辉（事件），如图6-8所示。

图6-8　《碧水蓝天满江红》（曹正平 / 摄）

6.4　新闻摄影中的伦理

伦理学是讨论人与人、人与物、人与自然之间关系的一门学科。例如，中国古代的伦理学是人们处理父子、君臣、夫妇、长幼、朋友之间相互关系的原则或规范；在西方，伦理学主要指人们规范行为的方法。摄影是社会活动主体之间互相传达信息的交流活动方式之一，摄影师在长期的职业实践中要形成自己的行为规范。无论是新闻摄影还是独立的艺术摄影，都应该是有原则的活动。要坚持以人民为中心的创作导向，推出更多增强人民精神力量的优秀作品。

6.4.1　摄影伦理的内涵

摄影伦理主要涉及以下两个层面：一是从业者的自律，即业内人士制定相应的规则，从业者自我约束，共同遵守；二是外部社会从观念、道德、法律和舆论等方面对摄影师提出的活动原则。摄影作为一种重要的意识形态传播活动，需要伦理学的规范。

摄影作品比书本和绘画作品更容易引起争议。摄影作品总让观众认为是真实的，但这种真实其实是摄影师主观选择展现的。摄影作品总是位于个人认知和公众认知的交叉点上，摄影师往往会做出不同寻常的主观选择，因此也引起了难以穷尽的争论和冲突，包括由不同的文化背景产生的差异。因此，摄影作品的复杂性也使摄影伦理变得复杂。

6.4.2 新闻摄影中的伦理争议

新闻摄影中常常会涉及伦理争议。一次地震期间，在电视直播的画面里，救援人员在废墟中发现了一位中年妇女和一位老大爷。这时，一名救援人员挡住了摄像机镜头，现场的主持人对他说："你让让好不好？我们先拍。"大家都说救人要紧，而主持人坚持说："只要5分钟就好。"此时，幸存者身体上方正有一块残存的预制板，随时有可能发生垮塌，救援人员要求先把它搬开，没想到主持人竟然要求："不用，就保持那样别动。"接着摄影记者拍下了这个画面，主持人也转过身继续对着镜头播报。这样的行为或多或少地影响到了救援工作。摄影记者不能为了自己的职业而忽视对生命的关怀，这严重违背了伦理。

6.4.3 摄影记者的职业道德

摄影记者的工作就是拍摄有价值的照片。同从事其他职业的人一样，摄影记者需要对工作尽职尽责，尽自己的努力拍摄出最有价值的照片。但是摄影记者必须为他们在现场的行为负责，必须考虑摄影行为对被摄对象的影响。因此，在新闻摄影中，责任与伦理的平衡问题一直被讨论。

一些在前线工作的新闻摄影从业人员认为：在新闻现场，应该按照自己的直觉先拍下有价值的影像，发表时再考虑伦理道德的问题。曾经担任过美国《国家地理杂志》摄影部主任的著名新闻摄影教育家罗伯特·基尔卡在讲授"图片编辑"课程的时候表示："先拍下，再考虑；没拍下，就无从考虑。"但是更多社会学家和新闻摄影理论界的人士认为：让图片编辑去考虑照片涉及的伦理道德问题是摄影记者在职业道德方面不负责任的表现。

有知名学者表示："新闻报道要讲人文关怀，新闻工作者要有爱心。不尊重他人意愿、伤害他人感情的采访与拍摄有损新闻工作者的形象。伤害受众的最终结果是伤害媒体自身。况且，类似行为已经超越了道德范畴。"

新闻不能触犯某些禁忌，更不能突破道德伦理的底线。作为一名摄影记者，不能在"眼球经济"时代为了追求感官上的刺激而丧失道德良知、忽视伦理，更不能以一种冷漠的态度来对待这些照片。

本章实践指导

社会工作中，信息交流、工作布置都需要组织实施会议，摄影是会议记录工作的重要任务，要想拍好会议记录与宣传照片并不是一件容易的事。

一、会议前准备

1. 设备检查：确认电量和内存，确认相机在自己熟悉的操作模式下工作正常。

2. 了解会议进程：事先了解会议的主题、具体环节、持续时间，尽量提前15分钟到会场熟悉环境，了解会议进程。

3. 明确重要人员：在重要人员上台前或发言前，可以找到最佳拍摄角度，调整机位，做到心中有数，临近拍摄时不要慌乱，拍完后立即轻轻离开，以免干扰会议的正常进行。

二、会议拍摄注意事项

1. 多景别拍摄：拍摄全景、中景、近景和特写，确保每个景别都有合适的照片；中轴线上拍摄的全景照片应较为严肃、中正、大气，注意要将横幅标语、PPT等文字内容拍摄出来。

2. 情绪：尽量在活动开场时拍摄，此时参会人员的情绪最为饱满，状态最佳；所有景别照片都要当场放大检查，确保画面中所有成员都表情合适、情绪饱满，否则要立即补拍。

3. 重要人员特写：重要人员站立发言时，拍腰部以上位置，手要拍完整，头顶留空；重要人员静坐发言时，要将其面前的席卡拍摄完整，注意在话筒未遮挡面部时拍摄，捕捉积极或自然的瞬间。

作品欣赏

2020年春，突如其来的疫情打破了春节的祥和，全国各地驰援武汉，衡阳南华大学附属第一医院也派出了医疗队。为了保证穿戴防护服的便利，全体女队员都选择了剪短长发。当勇敢逆行援鄂的志愿者尹艳长发落下时，爱美的姑娘潸然泪下，曹正平记录下了这个画面（见图6-9）。照片中没有文字标语等模式化的新闻报道手段，却很好地反映了在党中央的领导下，全国人民各尽其力抗击疫情的集体主义精神。照片温暖感人而不做作，凸显了真实影像的力量。

图6-9 《庚子记事》（曹正平／摄）

思考与练习

1. 拍摄一组校园活动照并配上文字，向校报投稿。

2. 就"新闻可以策划吗"这一话题进行讨论。

3. 简述美国学者 H. 拉斯韦尔的 5W 理论，并据此写一则简讯。

4. 检索最近几年的年度荷赛获奖照片，选出 2～3 张，从技术性与艺术性两个角度分析其拍摄手法。

第7章

数码影像的后期处理

　　摄影是一种展示美的方式，可以放大和总结生活中不起眼的点点滴滴，给人愉悦的视觉体验。但摄影作品多少会存在不足，所以摄影师有必要进行后期的调整和处理。其实在胶片时代就有后期处理，其中用到的是暗房技术。暗房技术是指在暗房里选配药液、相纸，放大时裁剪、遮挡、局部加深、减淡等过程。到了数码时代，暗房变成了明室，后期处理在计算机上进行。一张经过后期处理的数字图像不仅在艺术上更加纯粹，而且更符合现代媒介的传播标准。

7.1　位图的基本格式

微课视频

　　位图（Bitmap）也称点阵图像或绘制图像，是由名为像素（图片元素）的单个点组成的图像。这些点可以进行不同的排列和染色，以构成不同的位图图样。放大位图时，我们可以看见构成整个图像的无数的单个方块。假如我们尽量放大某一位图的局部，增大单个像素（方形点）的面积，就会使得这个局部上的点的大小参差不齐，如同添加了马赛克效果；然而，如果从稍远的位置观察，位图的颜色和形状又像是连续的。这就是位图与像素给人带来的直观视觉感受。

　　图像的常见格式有 JPG、GIF、BMP、TIFF，富含复杂信息的格式有 PSD、EPS、PNG等。因为设计图像格式的公司很多，所以有不同的格式，但这些格式之间通常可以相互转换。

7.1.1　RAW 格式

　　大多数数码相机公司都有自己的RAW格式。佳能的RAW格式文件处理软件界面如图7-1所示。

图 7-1　佳能的 RAW 格式文件处理软件——Digital Photo Professional 界面

　　RAW 的原意是未经加工。我们可以将 RAW 格式的图像理解为图像感应器将捕捉到的光源信号转化为数字信号得到的原始图像。RAW 格式文件是一种记录了数码相机传感器的原始信息，同时记录了由相机拍摄所产生的一些元数据（Metadata，如感光度、快门速度、光圈值、白平衡等的设置）的文件。RAW格式是未经处理，也未经压缩的格式，我们可以把RAW格式概念化为"原始图像编码数据"，或更形象地称RAW格式文件为"数字底片"。

RAW格式文件具有以下特点。

（1）RAW格式文件包含的几乎是未经过处理而直接从图像感应器上得到的原始数据，通过后期处理，摄影师能够最大限度地发挥自己的艺术才华。

（2）RAW格式文件并没有设置白平衡，真实的数据也没有被改变，就是说摄影师可以任意地调整RAW格式文件的色温和白平衡，而不会造成图像质量损失。

（3）RAW格式文件可以使颜色线性化和滤波器行列变换在计算机上处理得更加迅速，允许在图像上应用一些相机上所不允许采用的、较为复杂的运算法则。

（4）RAW格式文件最大的优点之一是其可以被转化为16位的图像，也就是RAW格式文件有65536个层次可以被调整，这相对于JPG格式文件来说是一个很大的优势。编辑一个图像时，特别是需要对阴影区或高光区进行重要调整的时候，这一点非常重要。

假如以RAW格式来保存文件，相机便会创建一个包含锐度、对比度、饱和度、色温、白平衡等信息的文件，但是图像并不会被这些设置改变，它们只会在RAW文件上加以标记。随后，RAW格式文件将同这些有关设置及其他的技术信息一同保存在储存卡中。有些相机会压缩这些文件，而有些不会。只要压缩的方式是无损的，就不会对图像质量造成任何影响；但是有些公司（如尼康和柯达）明确表示是采用一种有轻微损失的算法来保存RAW格式文件的。

7.1.2 JPG格式

JPG是指JPEG（Joint Photographic Experts Group），是由国际标准化组织（International Organization for Standardization，ISO）和国际电信联盟（International Telecommunications Union，ITU）为静态图像建立的第一个国际数字图像压缩标准，也是至今一直在使用的、应用最广的图像压缩标准。

由于JPG可以进行有损压缩，因此其压缩比可以达到其他传统压缩算法无法比拟的程度。JPG图片以24位颜色存储单个位图，压缩比可达100∶1（JPG格式可在10∶1～20∶1的压缩比下轻松压缩文件，而图片质量不会下降）。JPG格式可以用于很好地处理写实摄影作品；但是，对颜色较少、对比级别强烈、实心边框或纯色区域大的较简单的作品，它无法提供理想的结果。

JPG格式文件的优点是体积小巧且兼容性好，大部分的程序都能读取这种文件。这是因为JPG格式不仅是一个工业标准格式，也是Web的标准文件格式。

另一方面，JPG格式文件之所以很小，是因为文件在创建的时候会有一些数据被遗失，即其是通过有损压缩方式来创建文件的。

如果数码相机采用JPG格式作为照片的存储格式，这样做虽然可以节省空间，但不利的一面也必须看到：凡是可以在相机中调整的诸如色温、色彩平衡、图像锐度等经过处理后都会记录在文件内，后期调整只能通过Photoshop（见图7-2）进行，但是经过调整的图像质量会下降。

　　例如，照片的对比度可以在相机上设定，色彩饱和度同样可以在相机上调节。通过 2 ～ 3 个层次，相机把文件从 12 位或 14 位方式转化成 8 位方式。换句话说，就是将每个像素从 4096～16384 个亮度层次骤减到 256 个。

图 7-2　Photoshop 是图形领域通用位图处理软件，可处理 JPG、TIFF 等多种图像格式

　　JPG 格式文件如果不经锐化（Unsharp Masking，USM）处理则会看起来比较平、对比度低，因此会显得不清晰。人们希望脱离相机的 JPG 格式文件看起来效果也很好，因此会使用软件对 JPG 格式文件进行锐化处理。此时，软件会找到亮暗区域之间的边缘并提高其对比度，这样做会使这些边缘的附近产生光晕现象。锐化度如果设置得太高，这些光晕将在输出时变得非常明显；如果设置得太低，则又达不到锐化的效果。

7.2　数码影像的基本调整

　　Photoshop 是图形领域专业人士常用的处理软件，由 Adobe 公司开发和发行。Photoshop 主要用于处理由像素构成的数字图像，用户利用其众多的编修与绘图工具，可以有效地进行图片编辑工作。

　　Photoshop 具备自动生成全景、灵活的黑白转换等功能，拥有更易调节的选择工具、智能的滤镜以及更好的 32 位 HDR 图像支持。另外，Photoshop 从 CS 5.0 开始分为两个版本，分别是常规的标准版和支持 3D 功能的 Extended（扩展）版。本章以 Photoshop CS 6.0 为例，展示处理一张有瑕疵的夜景图片的操作。

7.2.1　尺寸调整

　　本章的示例图片请到人邮教育社区（www.ryjiaoyu.com）下载。

　　（1）在 Photoshop 界面的"文件" 文件(F) 菜单中选择"打开"命令，打开需要处理的文件，如图 7-3 所示。

（2）选择工具栏中的"裁剪工具" ，截取画面内容。浑浊的天空、建筑本身"死黑"的墙面都影响了画面主题的表达，我们应大胆裁剪，如图 7-4 所示。

图 7-3　Photoshop 工作界面中的"打开"命令

图 7-4　裁剪图片

（3）在菜单栏的"图像" 图像(I) 菜单中选择"图像大小"命令，打开"图像大小"对话框，改变图片尺寸；本图需要印刷，故将"分辨率"改为300像素/英寸，"高度"改为12厘米；勾选"约束比例" ☑约束比例(C) 复选框，由计算机自动约束比例，如图7-5所示。

图7-5 调整图片大小

7.2.2 曲线调整

曲线调整可以调节整体或单独区域的对比度，也可以调节任意局部的亮度和色调，还可以调节颜色。

曲线反映了图像的亮度。一个像素有着确定的亮度，我们可以通过曲线改变它，使它提高或降低。

值得注意的是，曲线调整不要太夸张，以免影响画面的整体性，适当地增大反差或减小反差即可，如图7-6所示。

下面介绍具体操作。

（1）使用"多边形套索工具" ，仔细框选河对岸远景中的部分，如图7-7所示。当然，还可以用其他工具。Photoshop中有非常多的工具可用于选择区域，"多边形套索工具"是最常用的，非常简便。如果你没有选择区域，那么，所有的操作将默认为对全图进行。

（2）在菜单栏的"选择" 选择(S) 菜单中选择"…"命令，调整所选区域边缘。在"调整边缘"对话框中设置"羽化"为42.9像素，防止下一步调整曲线后区域产生僵硬的边缘，如图7-8所示。

（3）在菜单栏的"图像" 图像(I) 菜单中选择"调整"—"曲线"命令，在打开的"曲线"对话框（组合键为Ctrl+M）中轻微下拉曲线下部节点，可增大反差，如图7-9所示。

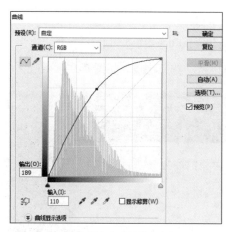
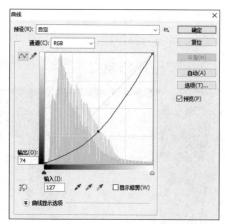

曲线向上（提高亮度）　　　　　　　　曲线向下（降低亮度）

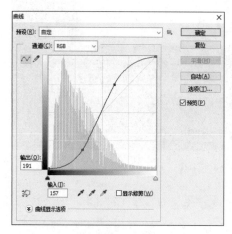
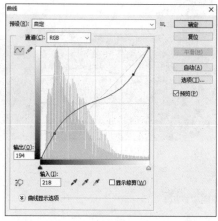

S 曲线（增大反差）　　　　　　　　反 S 曲线（减小反差）

图 7-6　曲线调整

图 7-7　使用"多边形套索工具"框选

图 7-8　调整边缘

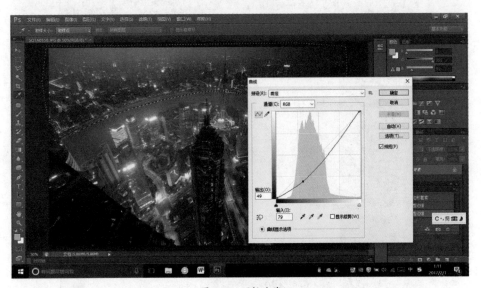

图 7-9　下拉曲线

7.2.3　色彩调整

色彩具有 3 个要素，即色相、饱和度、明度。每一张彩色照片的色彩都包含这 3 个要素。

1. 色相

色相是色彩最大的特征之一，是能够比较确切地表示某种颜色色别的名称。色彩的成分越多，其色相就越不明显。最基本的色相为红、橙、黄、绿、蓝、紫。在每两个相邻色之间插入一个中间色，按光谱顺序为红、橙红、橙、黄橙、黄、黄绿、绿、蓝绿、蓝、蓝紫、紫、红紫，将其设置为色环，即得到 12 色相环（见图 7-10）。

2. 饱和度

饱和度是指色彩的鲜艳程度，也称色彩的纯度。饱和度取决于该色中含色成分和消色成分（灰色）的比例。含色成分所占比例越大，饱和度越高；消色成分所占比例越大，饱和度越低。纯色都是高饱和度的，如鲜红、鲜绿；混杂了白色、灰色或其他色调的颜色便是低饱和度的，如绛紫、粉红、黄褐等。饱和度为0的颜色根本没有色调，如黑白之间的各种灰色。

3. 明度

明度是眼睛对光源和物体表面的明暗程度的感觉，主要是由光线高度决定的一种视觉经验。

（1）在菜单栏的"图像" 图像(I) 菜单中选择"调整"—"色相/饱和度"命令，如图7-11所示。

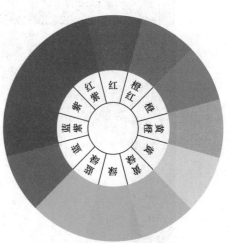

图7-10　12色相环

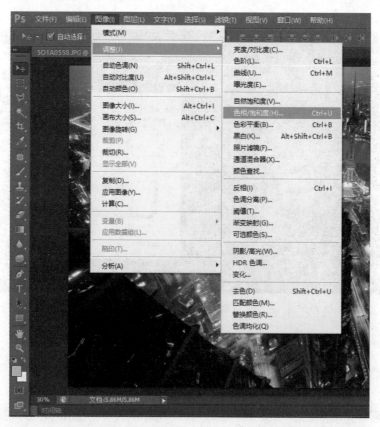

图7-11　选择"调整"—"色相/饱和度"命令

（2）在"色相/饱和度"对话框中选择"全图"下拉菜单（见图7-12），将"绿色""青色""蓝色""洋红"的"色相/饱和度"都降到最低值-100，"红色"调整为+25，"黄色"调整为+39。

之所以这样调整，是因为我们的预想是消除不必要的"光污染"，获得流行的"黑金夜景"风格。

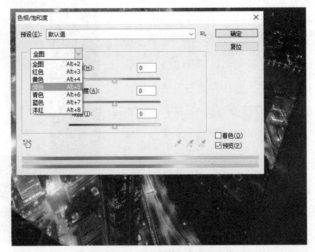

图 7-12　"全图"下拉菜单

7.2.4　瑕疵修理

在工具栏中选择"修补工具" ▦，圈出瑕疵，选中瑕疵并拖到修补源将其消除，可用来处理破损建筑、画面杂光等。

Photoshop 中的修补工具很多，如"仿制图章工具" ▣、"橡皮工具" ▣、"模糊工具" ▣、"减淡工具" ▣、"加深工具" ▣、"涂抹工具" ▣等，它们都可用于处理局部小面积瑕疵，我们可根据画面需要对其进行灵活处理。需要知道的是，这是一个细致活儿，需要耐心。本图例中减淡了局部楼房红色的杂光，如图 7-13 所示。

图 7-13　减淡红色的杂光

7.2.5 输出调整

如果要输出，需将图像模式转化为CMYK颜色（见图7-14），以便检查颜色溢出情况，这是因为RGB颜色模式的色域要比印刷时的色域宽许多。如果图片用于上传网页或者数码冲洗，则可以保留RGB颜色模式。打印分辨率设置为300dpi，打印大小单位为"厘米"，可选择"打印尺寸" 打印尺寸 命令预览。上传网页则设置分辨率为72dpi，单位为"像素"，可选择"实际像素" 实际像素 命令预览。数码冲洗则不改变原图大小和分辨率，保留原有影像信息。

图7-14 将图像模式转化为CMYK颜色

本图由于是隔着玻璃拍摄的，影像有些模糊，故在打印之前还进行了锐化处理，参数设置如图7-15所示。从摄影的角度来说，一切在摄影前期可以避免的失误，都应该避免在后期用软件处理的方式来弥补，因为经后期处理损失的真实像素是各种算法都无法弥补的。

图7-15 锐化参数设置

在"文件"菜单中选择"打印"命令，打开"打印设置"对话框。在这里，可以拖动图片到可打印范围的任何地方，以节约图片纸张。当然，更科学的方式是进行新的版式设计。⚠ 符号代表有色彩溢出（见图 7-16），将图像模式转换为 CMYK 颜色则不会有此问题。

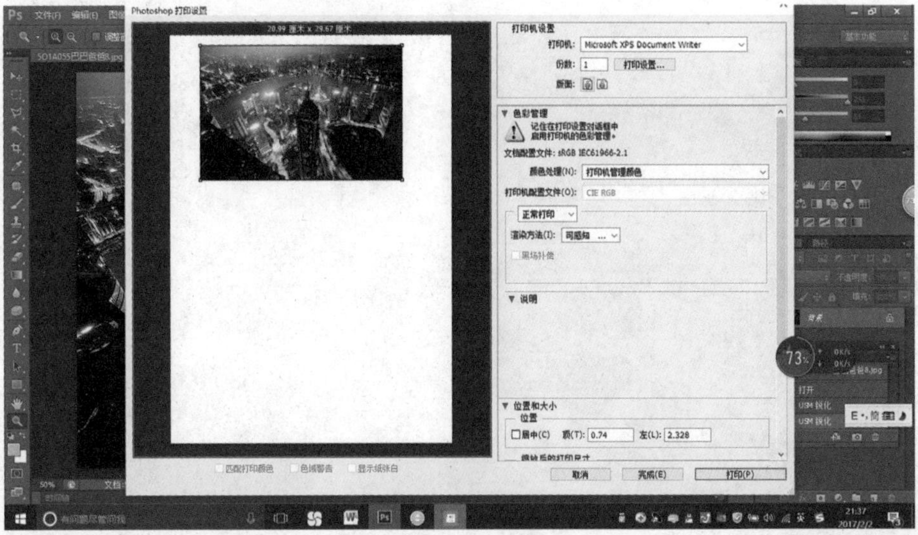

图 7-16　色彩溢出

上述示例中用到的原始图片（见图 7-17）是作者暑假在上海环球金融中心 100 层拍摄的，当时天气不太好，有雾霾，加之隔着玻璃，导致画面色彩很不好看。进行后期处理后的效果如图 7-18 所示。

图 7-17　《上海之夜》原始图片

图 7-18　《上海之夜》（陈涛／摄）

思考与练习

1. 谈谈后期处理与前期拍摄的关系。

2. 利用 Photoshop 调整图片的对比度、饱和度和色相。

3. 利用 Photoshop 的仿制图章工具，耐心地修复一张老照片。

4. 尝试成系列地编辑你前期的摄影作品，并将其制成电子相册。

第 8 章

视频拍摄

近几年，网络的普及和宽带提速直接带动了视频产业的发展，其中一个重要的原因是视频拍摄的成本越来越低，并且几乎所有的相机都具有摄像功能。技术的革新甚至使某些数码单反相机具备了摄像机的专业功能。数码单反相机拍摄的视频画面效果能够满足大部分的拍摄需求，经过调整的视频画面甚至可以达到专业级别。数码单反相机大尺寸的感光元件也更加容易得到浅景深的视频画面效果。与体积庞大、操作复杂的专业摄像机相比，数码单反相机售价低、普及率高、轻便易携带，有着得天独厚的优势，这使得视频创作更加普及。

8.1 视频的格式与输出

8.1.1 视频的格式

视频有 AVI、MPEG、MOV、AVCHD 等格式。视频的格式是指将已经编码压缩好的视频轨和音频轨整合在一起，放到一个文件中，仅仅起到作为一个"包装盒子"的作用，然后人们通过视频播放器就可以将视频播放出来。在视频处理软件 Premiere 中，可选择导出时所需的视频格式（见图 8-1）。

视频编解码标准有 ITU 的 H.261、H.263、H.264，运动静止图像专家组的 M-JPEG 和 ISO 运动图像专家组的 MPEG 系列，广泛应用的还有瑞尔视科技有限公司的 RealVideo、微软公司的 WMV 以及苹果公司的 Quick Time 等。

1.AVI

AVI（Audio Video Interleaved，音频视频交错）是微软公司发布的视频格式，在视频领域可以说是历史最悠久的格式之一。AVI 格式调用方便、图像质量好，压缩标准可任意选择，是应用最广泛且应用时间最长的视频格式之一。

2.MPEG

MPEG 系列标准已成为国际上影响最大的多媒体技术标准之一，其中 MPEG-4（ISO/IEC 14496）是基于第二代压缩编码技术制定的国际标准。MPEG 系列标准对 VCD、DVD、数字电视、高清晰度电视、多媒体通信等信息产业的发展产生了巨大而深远的影响。

图 8-1　Premiere 导出格式界面，在此可选择导出时所需的视频格式

3.MOV

MOV 是美国苹果公司开发的一种视频格式，具有较高的压缩比和较完美的视频清晰度等特点。其最大的特点是跨平台性，即不仅支持 macOS 系统，也支持 Windows 系统。

4.AVCHD

AVCHD 是索尼公司与松下公司联合发表的视频压缩技术。AVCHD 标准基于 MPEG-4AVC/

H.264 视频编码，支援 480i、720p、1080i、1080p 等格式，同时支持杜比数位 5.1 声道 AC-3 或线性 PCM 7.1 声道音频压缩。

现代数码单反相机一般都支持 MOV、H.264、MPEG-4 AVC 等视频格式。

8.1.2 视频码率

码率就是数据传输时单位时间内传送的数据位数，单位为 kbit/s，即千位每秒。码率也就是取样率（并不等同于采样率，采样率的单位是 Hz，表示每秒采样的次数），码率越大，精度就越高，处理后的文件就越接近原始文件。在视频处理软件 Premiere 中可选择导出视频的码率（比特率），如图 8-2 所示。因为文件体积与码率是成正比的，所以几乎所有的编码格式重视的都是如何用最小的码率达到最少的失真，围绕这个核心衍生出了固定码率（Constant Bit Rate，CBR）与可变码率（Variable Bit Rate，VBR）。码率越大，画面就越清晰；反之画面越粗糙，越容易产生马赛克。

图 8-2 Premiere 导出界面的码率选择

8.1.3 视频尺寸

目前大部分数码单反相机的视频拍摄尺寸都可以达到全高清（Full High Definition，FULL HD），即物理分辨率高达 1920 像素 ×1080 像素，包括 1080i 和 1080p。其中 i（interlace）是指隔行扫描，p（progressive）代表逐行扫描，两者在画面精细度上有着很大的差别，1080p

的画质要胜过 1080i。对应地，人们把 720p 代表的分辨率称为标准高清。很显然，1080p 分辨率包含的数据信息更加丰富，尤其在大屏幕电视上播放视频时，1080p 能确保更清晰的画质。

部分数码单反相机的视频拍摄尺寸已经达到了 4K 分辨率。4K 分辨率是指水平方向每行像素值达到或者接近 4096 个，多数情况下特指 4096 像素 ×2160 像素分辨率。而根据使用范围的不同，4K 分辨率也有各种各样的衍生分辨率，如 4096 像素 ×3112 像素、3656 像素 ×2664 像素、3840 像素 ×2160 像素等，但它们都属于 4K 分辨率的范畴。几种视频格式大小对比如图 8-3 所示。

图 8-3　几种视频格式大小对比

视频比例是指影视播放器所播放的影视画面的长和宽的比例。以前所用的阴极射线显像管电视机，其显示画面的长和宽的比例是 4:3，即视频比例为 4:3。目前正在发展的高清显示影视播放器的视频比例一般要求为 16:9。2.35:1 这个比例的正式名称为 Cinemascope，是目前好莱坞使用得最为广泛的视频比例之一。经过历史的演进，目前它的实际比例为 2.39:1，不过由于它跟 2.35:1 的区别实在太小，而之前的习惯很难改变，所以一直沿用 Cinemascope 这个称呼。数字版权唯一标识符（Digital Copyright Identifier，DCI）规范里的 2K 电影 Cinemascope 的尺寸标准为 2048 像素 ×858 像素，也属于 2.39:1 的比例。

8.1.4　帧速率

帧速率是指视频文件中每秒播放的图片数量，指每秒所显示的静止帧格数。捕捉动态视频内容时，要想生成平滑连贯的动画效果，帧速率就越大越好。在视频处理软件 Premiere 中，可以对导出视频的帧速率进行设置（见图 8-4）。

数码单反相机的帧速率大致有 60 帧 / 秒、50 帧 / 秒、30 帧 / 秒、25 帧 / 秒、24 帧 / 秒（实际为 23.98 帧 / 秒，记为 24 帧 / 秒）几种，电影的帧速率为 24 帧 / 秒。高速镜头的帧速率一般可以达到 96 帧 / 秒、120 帧 / 秒，甚至 1200 帧 / 秒等。 60 帧 / 秒和 30 帧 / 秒是美国全国电视制式委员会（National Television System Committee，NTSC）制的标准，50 帧 / 秒和 25 帧 / 秒是帕尔（Phase Alternation Line，PAL）制的标准。

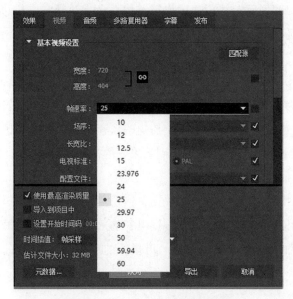

图 8-4　Premiere 中导出帧速率的设置

美国等采用 NTSC 制的地区的电视台使用 60 帧 / 秒或 30 帧 / 秒的帧速率，中国或欧洲国家 / 地区等的电视台使用 50 帧 / 秒或 25 帧 / 秒的帧速率。如果要在网络上传播，选择 24 帧 / 秒或 25 帧 / 秒的帧速率都是合适的。

视频信号的显示有隔行扫描和逐行扫描的区别。采用逐行扫描的视频素材，在某些后期特效的制作中可以获得比采用隔行扫描的视频素材更好的效果。网络视频和计算机视频也可以采取逐行扫描的方式，以获得更高的视觉流畅度。

在实际应用中，为了方便，我们通常会把分辨率、帧速率和扫描方式这 3 项或其中的 2 项合在一起，用一些缩写来描述。比如常见到的一些专业术语：1080p50、720i60。1080p50 表示垂直像素点有 1080 个，采用逐行扫描方式，帧速率为 50 帧 / 秒的媒体显示格式；720i60 则表示垂直像素点有 720 个，采用隔行扫描方式，帧速率为 50 帧 / 秒的媒体显示格式。

8.2　数码单反相机的视频拍摄设置

8.2.1　光圈、快门速度、感光度

使用数码单反相机拍摄视频时，对光圈、快门速度、感光度的设定与拍摄照片时类似，但设置这些参数的出发点却不一样，因为视频拍摄时要考虑一组镜头的画面颜色是否匹配、镜头是否衔接流畅、光线是否一致等。

对光圈的选择，拍摄照片时只需要考虑单张照片的景深效果，而拍摄视频则需要根据实际情况进行参数的调整，要使一个场景的光线和景深保持一致，否则就会造成视听语言的不流畅。所以，在拍摄一个场景的视频时尽量保持光圈一致。

在使用数码单反相机拍摄照片时，慢速快门会造成被摄对象模糊。而在视频拍摄中，快门速度需要根据拍摄内容而定，快门速度设置过快，会导致视频中被摄对象的运动变得不流畅；快门速度设置过慢，会导致视频中被摄对象的运动产生拖影现象。为保持视频的画面效果，可以将拍摄运动效果时的快门速度设定为 2 倍帧速率的倒数，如果帧速率设定在 24 帧 /秒或 25 帧 / 秒，可以把快门速度设定为 1/50s; 此外，调整快门速度还要考虑避免产生频闪现象。

视频常见的帧速率为 30 帧 / 秒、60 帧 / 秒、24 帧 / 秒、25 帧 / 秒。若环境光源为频闪光源，如荧光灯（日光灯），这种灯的闪烁频率为交流电的频率 50Hz，即每秒闪烁 50 次，所以如果环境光源为频闪光源，无论如何设置都难以得到效果好的视频。解决的方法是避免用频闪光源，如改用白炽灯。

现在的数码单反相机具有越来越高的感光度，感光度的提升让相机在较暗的环境下也可以拍摄到曝光合适的画面。但如果感光度过高，根据电子感光元件的特性，画面就会产生大量噪点，影响画质。在光线充足的情况下，尽量使用官方推荐的感光度或较低数值的感光度，以得到较高的画质。

8.2.2　色温与白平衡

相机中自带多种白平衡模式，比如自动、晴天、背阴、阴天、白炽灯、荧光灯、闪光灯等，不同品牌的相机内置白平衡的名称也各有不同。其中自动白平衡是大家使用最多的，在平时日光正常拍摄环境下，自动白平衡的确可以满足大家的拍摄需求。专业的摄影师则会用到灰卡和色卡等辅助工具来保持色温的一致性。数码单反相机在不同色温下得到的有颜色差异的画面如图 8-5 所示。

2000K（冷） ⟵⟶ 10000K（暖）

图 8-5　数码单反相机在不同色温下得到的有颜色差异的画面

在拍摄照片时，相机的 **RAW** 格式让我们可以在后期制作中根据需要改变色温，而拍摄视频使用的是压缩后的视频格式，后期调整的余地非常有限，所以我们在拍摄时应该把白平衡设置在合理的范围内。在一样的环境中，应该设定一样的白平衡，以方便后期制作时调整。

拍摄视频时，白平衡的设置没有一个绝对的正确值，后期的调整也没有一个明确的标准，色温/白平衡的设置只是根据作品自身的特点而进行的，如具有科技感的画面的色温可以偏冷一些，温馨甜蜜的画面的色温可以设置得偏暖一些。视频展现出来的情绪不同，也应对应采用不同的白平衡。

8.3　拍摄附件

微课视频

数码单反相机主要是为拍摄照片而制造的，从相机的手持握感到操作方式都是为了拍摄照片而设计的，所以直接用数码单反相机来拍摄视频会有操作上的不适感。而视频的拍摄比照片的拍摄在操作上要复杂得多，为了得到足够流畅的拍摄效果，我们必须借助辅助设备才能拍到专业的画面。

8.3.1　稳定与移动附件

三脚架（见图 8-6）是使用数码单反相机拍视频时非常重要的一个辅助工具。三脚架无论对业余用户还是专业用户来说都是必不可少的，它的主要作用是稳定相机，以达到画面稳定的效果。晃动的镜头会给观众带来心理上的不稳定感和观看时的不适感，所以，三脚架的第一要素就是稳定性。

→ 阻尼

图 8-6　三脚架

阻尼是三脚架的一个重要指标，直接影响着视频的流畅度。使用中要求阻尼能使相机上下左右都能轻松实现匀速运动，帮助摄影师尽量避免时快时慢的摇摆。

机械稳定器也称斯坦尼康，是一种摄影机稳定器，其在电视剧制作、文艺晚会、运动节目等的拍摄中使用得非常广泛。机械稳定器的优点是平衡支柱重量小、承重高、可伸缩，配套的承重背心非常省力。机械稳定器需要人为控制，所以成片质量取决于操作者是否具有深厚的摄影技术、丰富的操作经验。

电子稳定器（见图8-7）是目前行业内比较新的视频电子稳定附件，可以辅助摄影师拍摄出行云流水般的运动视频。电子稳定器使用电池供电，采用电子的算法实现机械的平衡，目前以三轴稳定器的方案最为成熟。电子稳定器操作更为简便，具有小巧、轻便、易用、易携带等特点，操作者只要具有镜头运动意识就可以轻松上手。电子稳定器发展到现在，已经能支持10kg以上的数字电影机，其应用范围非常广泛。

图 8-7　电子稳定器

8.3.2　录音附件

录音功能一直是数码单反相机的弱项。由于视频拍摄对录音要求特别高，数码单反相机自带的录音效果往往无法满足视频录音的较高需求，因此一般会用在数码单反相机上装外置话筒或者采取话筒外录的方法来更好地采集声音。

常见的外接录音设备有以下3种，如图8-8所示。

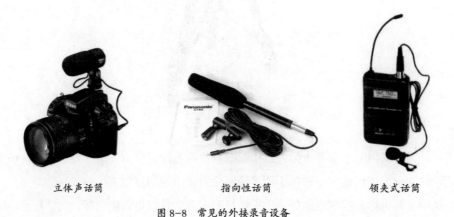

立体声话筒　　　　　　　　指向性话筒　　　　　　　　领夹式话筒

图 8-8　常见的外接录音设备

（1）立体声话筒

这类话筒适用于录制环境音，因为它有两个声道，可以很好地记录环境音，并且可以区分左右声道。

（2）指向性话筒

这种话筒能录制单一方向的声音，而其他方向的声音会被削弱。使用时应将话筒尽量靠近并指向被摄对象，这种话筒也是拍片时最常用的一种。

（3）领夹式话筒

领夹式话筒的好处是离嘴很近，能清晰录制被摄对象的声音。当话筒需要同被摄对象一起运动时，可以选择这种话筒，这样就不用担心话筒与相机之间的距离发生变化而导致录音效果不稳定。

录音方式有以下两种。

（1）数码单反相机内录

使用数码单反相机直接录音时，总会有底噪，因为相机自带的录音功能会把周围所有的声音录制下来。这意味着声音的损失巨大，录音质量很差，但这是一种快速简单的录制方法，非常适合拍摄新闻或纪录片。如果要求快速地交付视频，可以使用这种内录的方式。数码单反相机录音菜单如图 8-9 所示。

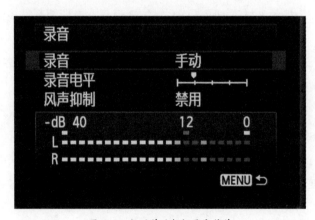

图 8-9　数码单反相机录音菜单

（2）录音机话筒外录

使用外置录音机录音时，根据不同的场景使用不同的录音设备，会得到很好的录音效果。但这也增加了任务量，意味着在拍摄时要多加一个人进行录音，也意味着剪辑时需要做更多的工作，因为音频轨和视频轨要同步剪辑。

8.4　后期制作

后期制作就是对拍摄完的素材做后期处理，使其成为完整的影片的过程。它包括剪辑、加特效、加文字、制作声音等工作流程。

微课视频

在传统的磁带和胶片时代，后期制作是靠录像机、胶水和剪刀等机械设备和工具，剪辑师按故事的时间发展的方式，把素材依次复制在新的载体上，每段素材有具体的物理位置，这种方式被称为线性编辑。如果线性编辑时出错，剪辑师就必须重新安排素材的位置并进行复制。线性编辑要使用的采编设备也非常复杂，如录像机、编辑控制器、特技发生器、时基校正器、字幕机等。

今天，基于计算机的数字非线性编辑技术的发展，使得后期制作变得轻松。

把素材导入计算机中，利用计算机进行剪辑的方式被称为非线性编辑方式。鼠标和键盘操作代替了传统的手工操作，大大提高了编辑效率，它不仅可以迅速回放试播，还可以插入复杂的特技效果。非线性编辑是影视剪辑技术的重大进步。

常规的非线性编辑包含了以下工作内容。

（1）素材处理：为视频素材提供片段删减、段落顺序重组、历史素材并入、相关素材引入、组合等。

（2）特效处理：在编辑过程中为视频素材加入转场特技、蒙太奇效果、三维特效、多画面效果、画中画效果、视频画面调色等。

（3）字幕处理：为视频素材添加 Logo、普通说明字幕、修饰字幕、三维字幕、滚动字幕、挂角字幕等。

（4）音频处理：为视频素材添加背景音乐、特效音乐、专业播音员多语种配音解说、对口型配音、配乐等。

（5）包装处理：将剪辑后的视频素材进行全方位特效包装，包括制作三维片头片尾、Flash片头片尾、形象标识特效等。

（6）成品输出：将制作好的影视作品输出到各种格式的录像带、播出带上，压制或刻录至DVD、VCD 上，或输出各种格式的数据文件。

非线性编辑可在 macOS 和 Windows 这两个主流系统上进行。苹果公司的剪辑软件 Final Cut Pro x 在系统优化及兼容性方面比第三方的软件更加具有优势，所以 macOS 系统中的视频编辑软件首选当然是 Final Cut Pro x。

Windows 系统中比较常见的剪辑软件有 Premiere、Edius、Vegas、会声会影等。

限于篇幅，这里只简单讲一下剪辑与调色。若想学习更多内容，请参考其他书籍。

8.4.1 剪辑

大多数学生用户使用频率较高的两款剪辑软件是 Premiere 和 Edius。这两款软件都非常优秀，非常适合用来学习和工作。Premiere（见图 8-10）由 Adobe 公司出品，有广泛的用户群和易于使用的界面。而 Edius 有简洁的界面，对计算机配置的要求相对比较低，能让用户快速高效地进行剪辑工作，适合单纯的视频剪辑，特效方面功能较薄弱。

剪辑注意事项如下。

（1）镜头的组接要符合现实逻辑

视频的叙事与表达一定要明确，必须符合观众的思维方式和影视表现规律，在这个基础上我们才能够确定选用哪些镜头，怎么统一影调色彩，以及怎么样将它们组合在一起。

（2）景别的变化要采用"循序渐进"的方式

景别的变化有许多固定的镜头句型，这里介绍常见的几种"循序渐进"的镜头句型。前进式句型——远景、全景、近景、特写过渡，通常用于表现由低沉到高昂的情绪和剧情的发展。后退式句型——近景到远景，通常用于表现由高昂到低沉、压抑的情绪，在影片中表现由细节到拓展再到整体的剧情发展。环形句型——全景、中景、近景、特写、再次特写、近景、中景、全景，通常用于表现情绪由低沉到高昂，再由高昂转向低沉。

（3）镜头组接要遵循动接动、静接静的规律

图 8-10　Premiere 工作界面

如果画面中同一主体或不同主体的动作是连贯的，可以动作接动作，以达到画面顺畅、简洁的目的，这被简称为动接动。如果两个画面中主体的动作是不连贯的，或者中间有停顿，那么这两个镜头的组接必须在前一个画面中，主体做完一个完整动作停下来后，接一个从静止到开始的运动镜头，这就是静接静。

（4）镜头的时间长度应合适

镜头的时间长度不仅要根据内容的完整程度和观众的接受能力来决定，还要考虑画面构图等因素。远景、中景等画面包含的内容多，时间长度可以长些；近景、特写包含的内容少，时间长度可以短些。另外，一个画面要表现亮的部分时时间长度应该短些，表现暗的部分时时间长度则应长一些。表现动态的部分时，时间长度要短些；表现静态的部分时，时间长度则该稍长些。

（5）镜头的影调色彩应统一

统一影调与色彩是美化视频的重要方式，如果把明暗对比或者色彩对比强烈的两个镜头组接在一起，会使人感到生硬和不连贯，影响内容的通畅表达。

8.4.2 调色

视频调色通常指在素材剪辑完成后，结合视频表现内容和客户要求，赋予视频风格化色彩的过程。视频调色效果类似于传统摄像中的各类风格滤镜效果，如黑白风格、复古风格、柔美风格等。

Premiere 的主要功能是剪辑，After Effects 的主要功能是后期特效制作，不过 Premiere 和 After Effects 软件自身都带有调色功能，足够应对一般的调色需求。

目前专业的调色软件主要有 DaVinci Resolve（见图 8-11）和 Adobe SpeedGrade。DaVinci Resolve 是专业的电影级别调色工具，其节点式调色方法入门难度高。DaVinci Resolve 有免费的学习版本，主要功能都有，但只支持分辨率在 1080p 以下的视频的调色，使用 DaVinci Resolve 调色前后的照片分别如图 8-12 和图 8-13 所示。Adobe SpeedGrade 是 Adobe 家族中的调色软件，优点是软件兼容性较好，可以和其他 Adobe 家族软件配合使用。

图 8-11 DaVinci Resolve 工作界面

专业调色工作基本上分为两大部分：一级调色和二级调色。一级调色针对整体，二级调色针对局部。

图 8-12　使用 DaVinci Resolve 调色前（本土范文化传媒 / 摄）

图 8-13　使用 DaVinci Resolve 调色后（本土范文化传媒 / 摄）

调色注意事项如下。

（1）基本的色彩校正及画面瑕疵修正

大多数视频在拍摄的时候由于受环境的限制，影像会存在轻微的过曝或者欠曝，或者因摄影器材不够完善而带来一些问题。例如索尼数码相机在高光部分经常会出现一些眩光，这需要在后期调色时解决。

（2）明确视觉线索信息，突出画面主体

在每一个画面中，导演都会向观众传达一个视觉线索信息，即画面的中心主体物。中心主体物可能是人，也可能是物，我们在调色时要通过削弱或增强光线、调节色彩和细节等技术手段让画面中的其他元素隐匿或者增强，总之要尽可能将观众的注意力吸引到中心主体物上。

（3）将色彩特征调至一致

不少视频都采用了多种型号与规格的数码单反相机拍摄，不同品牌的机器有各自的色彩特征，而调色工作就需要将不同机器拍摄的画面的色彩特征调至一致。

（4）创造影像色彩风格

调色能创造令人印象深刻的色彩风格，也最能凸显操作者的个人风格。我们可以从经典电影、摄影作品、绘画作品中汲取灵感，根据故事的氛围、内容等诸多因素来决定恰当的影像色彩风格。

（5）控制影像质量

在建立饱满和风格化影像的同时，我们必须清楚影像控制的界限，不滥用数字修饰手段，有效掌控色彩管理、色彩空间转换、格式输出等工作流程的诸多细节，保证得到的影像适应不同的放映媒介，使观众在观看时能获得正确和最佳的观看效果。

本章实践指导

使用数码单反相机进行人物采访拍摄是视频拍摄的一项基本内容，其中有以下几点需要注意。

1. 数码单反相机的高度

通常认为，数码单反相机的镜头要与被访者的视线在同一水平线上，实际拍摄中，数码单反相机的镜头可以稍稍低于视线，这样拍出的画面的透视效果会让观众感觉更舒服。

2. 拍摄的夹角

数码单反相机与被访者视线之间的夹角大于45°，则夹角为第三方视角，这会让观众产生旁观的感觉，更容易产生真实感；夹角小于45°为第二人称视角，也叫采访者视角，这会让观众有明显的摆拍感，对被访者的表达能力也有一定的要求；当夹角为0°，则夹角为第一人称视角，这会让观众产生强烈的诉说感，也最容易吸引人，但对被访者的语言表达能力和肢体动作表现能力有极高的要求。

3. 数码单反相机与被访者之间的距离

数码单反相机与被访者的拍摄距离最好控制在3m左右，因为这个距离会让被访者更放松，没有压迫感。注意距离也不必过远，那样对录音设备和场地空间的要求就会提高。

4. 被访者与背景之间的距离

被访者与背景之间的距离最少在2m以上，这样才能构造被访者与背景的虚实关系，结合长焦镜头，被访者会更突出。

5. 背景的内容

背景可以展示出被访者的职业与社会地位，一定要符合被访者的身份。假如被访者是企业家，那就选择在办公室拍摄；假如被访者是科研人员，那背景中一定要有实验仪器。同时背景的虚化程度不要过大，要让观众能分辨出被访者所处的环境，又不会分散注意力。

思考与练习

1. 用三脚架固定相机，拍摄下课铃声响起后从各栋教学楼中走出的学生，并且运用剪辑的方式制作一部影片——《放学了》。

2. 给影片配上音乐。

3. 给影片调色。

第 9 章

手机摄影与短视频拍摄

除了单反、微单、卡片数码相机外，我们手中还有一件几乎出门必带的摄影设备，那就是手机（见图9-1）。即使是专业摄影师，在出门游玩的时候，也喜欢用手机来记录生活。

自媒体的兴盛与网络社区的发展，使每一个人都可成为新闻的传播者。我们喜爱的美颜、美食、美景都以照片附加个人体验文字的方式传播出去。喜爱拍摄的人越来越多，相比于单反相机需要将照片导出的方式，即拍即传的手机显得更加方便、快捷。朋友圈分享、旅游留念、资料保存等，手机充当了当今生活的速写本。

图9-1　手机

9.1　手机摄影的特点

以前，由于手机画质低劣，利用手机拍摄的画面很难在其他媒介端口运用。目前手机 CCD 传感器尺寸在商业竞争模式下越做越大，成像像素越来越高。像华为 Mate40 Pro，其搭载了 5000 万像素主摄镜头、2000 万像素超广角电影镜头、1200 万像素 5X 潜望镜头，与超广角镜头相比，华为 Mate40 Pro 的镜头可实现 7 倍的光学变焦，几乎可以和相机媲美。苹果手机的镜头也由 iPhone 4 的 800 万像素发展到 iPhone 13 的 1200 万像素，并且依靠优秀的算法为消费者提供了特别清晰的画质；在视频拍摄方面，主流 2K 画质已经足够用于网络媒体传播了。小巧时尚的手机方便携带，在拍摄时又不容易干扰被摄对象，往往可以取得比相机更"真实"的影像效果。手机影像不再是劣质影像的代名词，而是成了一股影像"新势力"。

手机摄影的优势如下。

（1）隐蔽性强，不易干扰被摄对象，包含的情感真实。

（2）画面景深大，对焦宽容性强，拍摄快捷。

（3）文件相对小，可以随时上传、保存、下载、发布。

（4）美颜优化的手机软件多，智能化程度高，功能丰富。

手机摄影的缺点如下。

（1）光圈、快门调节范围窄。

（2）无专业的镜头群配件，不支持外接闪光灯系统。

（3）不适合纸质媒介转化。

根据以上特点，我们可扬长避短，利用手机拍出大片。

9.2　手机摄影的创作技巧

9.2.1　曝光优先

手机的对焦与测光的功能相比单反相机而言更为直接，我们用手指直接点击手机屏幕上的被摄对象即可完成对焦，并且对焦点同时也是手机曝光的标准18%灰测量点。当被摄对象为光比非常大的画面时，我们应该以曝光优先的方式进行拍摄。首先要找到画面中明度为18%灰的曝光测量处，而不必在意这一点是不是画面的焦点，因为在手机的广角镜头下，景深是非常大的，焦点的轻微偏移不容易被察觉，而曝光不准则会严重影响摄影师对光线氛围的控制。

在图9-2中，摄影师没有选择曝光测量点，仅依靠手机的自动模式拍摄风景，手机将默认画面正中央为对焦点和曝光测量点（18%灰），造成了画面色彩对比平淡和高光处色彩溢出现象；而在图9-3中，摄影师用手指在手机屏幕上点击天边金黄色的云彩（红色方框处），手机将会把此点视为曝光测量点（18%灰）并进行计算；在完成曝光后，晚霞的层次就得到了准确还原，树木、房子呈现为剪影，氛围得以强化。

图 9-2 非曝光优先的作品示例

图 9-3 曝光优先的作品示例

9.2.2　简化色彩

人的色彩观赏心理非常奇妙，一边向往极度绚烂的色彩，一边又沉迷于经典的黑白灰。

如果一张照片中的色彩太多、太杂乱，反而会干扰观众的视觉。古人云"五色令人目盲"，就是指太多的信息会干扰人的感官评判。减少照片中的色彩，可以让观众更关注照片中的光影效果、物体的质感等因素，如图9-4和图9-5所示。

图9-4就是一个简化色彩的作品示例，无论是被摄对象的衣裳还是背景，色彩都是单一的，此时配上鲜红的耳环，就可以点亮画面。减少色彩是为了突出色彩，这就用到了色彩的对比原则。

图9-5则将色彩简化到了极致，成了黑白照片，色彩简单且文艺范十足。黑白照片要想有质感，拍摄时应保证光线明亮，并且摄影师应拿稳相机。

图9-4　简化色彩的作品示例

图9-5　极致简化色彩的作品示例

　　拍摄图9-6中照片的摄影师是一名室内设计师。面对生活，他用一种精确的设计方式来拍照。纯净的白、细腻的灰、结实的黑，构成了他眼中点点滴滴的精致生活。

图9-6　《手机的黑白生活记录》（张塔洪／摄）

9.2.3　靠近被摄对象

"如果你拍得不够好，那是因为你靠得不够近。"这是战地记者罗伯特·卡帕说的关于摄影的一句话。很多战地记者都离得远远地拍摄在前线作战的士兵，但是罗伯特·卡帕不一样，他每次都冲到距离士兵很近的地方拍摄，甚至将被摄对象脸上的表情都清晰地记录了下来。他认为，只有这样拍出来的照片才更清晰、更震撼。

这个观念其实也是摄影美学的一个观念。作为一名摄影师，你只有靠近被摄对象才能将其更清晰地展现出来。

在 7.5 ～ 8cm 的最近对焦距离下，用接近 1∶1 的放大倍率进行拍摄是手机摄影的强项。而且在这么近的距离下，照片会产生强烈的空间感，如图 9-7 所示。

图 9-7　《微微》（刘勇、曹丹 / 摄）

9.2.4　制造虚点

手机镜头由于通光孔径小，又是小广角镜头，所以景深特别大，故画面的虚实关系难以拉开，我们需要人工制造一些虚点。图 9-8 ～ 图 9-10 中的照片就使用了一些常用的模糊、虚化拍摄技巧。摘一朵背景里出现的紫色小花，拍摄时放在镜头前轻轻晃动，就可以产生和背景一致的虚化的、梦幻般的色块，如图 9-8 所示。

图 9-9 透过医务人员的手肘，对焦于主刀医生的双眼，用窥探镜头营造了紧张、严肃的工作氛围。

在图 9-10 中，视角被压低，青稞成为照片中虚化的前景，整张照片自然而和谐。

图 9-8 《紫色的梦》（杨敏／摄）　　图 9-9 《手术》（曹正平／摄）　　图 9-10 《田间春至》（阳冬华／摄）

9.2.5 拍摄倒影

水中的倒影或反光物质的表面，是常被摄影的对象。被摄对象与环境相互呼应的画面往往可以形成独特的美感。倒影也是非常有趣的视觉元素，摄影师在拍摄时要充分利用物体的反光属性。

小巧的手机可以非常容易地贴近地面的积水，拍摄闪光的倒影；后期处理时可将照片翻转180°，如图 9-11 所示。

图 9-11 积水中的倒影

玻璃上的倒影也颇有趣味。在图 9-12 中，玻璃的倒影与窗内的实景相结合，可产生虚实结合的效果。

图 9-12 《远行》（曹正平、陈涛 / 摄）

能产生倒影的物质主要是水面或玻璃等，它们既有一定的反射率，也有一定的吸收率。水面和不锈钢的反射率最高，其表面能够形成清晰的倒影，玻璃、大理石等材质的反射率则要低一些。

9.3 手机短视频拍摄

微课视频

短视频是一种互联网内容传播形式，一般是指在互联网新媒体平台上传播的时长在 30 分钟以内的视频。随着移动终端的普及和网络的提速，短、平、快的大流量传播内容逐渐获得各大平台、粉丝和资本的青睐。同时短视频也为我们提供了一种新的记录生活的方式。截至 2022 年 6 月，我国短视频用户规模为 9.62 亿，占网民整体的 91.5%。

9.3.1 短视频类型

现有的短视频可分为以下几种类型。

1. 短纪录片

短纪录片的内容制作精良，其成功的渠道运营优先开启了短视频变现的商业模式。"一条""二更"是国内较早出现的短纪录片型短视频制作团队。

2. "网红" IP 型

"网红"形象在互联网上具有较高的认知度，以其为主角的"网红"IP 型短视频内容贴近生活。"网红"庞大的"粉丝"基数和较强的用户黏性背后存在巨大的商业价值，如"papi 酱""李子柒"等。

3. 搞笑型

以快手为代表，大量普通用户借助短视频风口在新媒体平台上输出搞笑内容。这类短视频虽然存在一定的争议，但是在碎片化内容泛滥的今天也为网民提供了不少娱乐谈资。

4. 情景短剧型

这是指以生活感悟为内容、搞笑创意为手段，以"情感专家"为主角的故事短剧。这类短视频在互联网上有非常广泛的受众。

5. 技能分享型

随着短视频的娱乐化和无营养化被诟病，技能分享型短视频在网络上得到了非常广泛的传播。

6. 街头采访型

街头采访型短视频也是目前短视频的热门类型之一，其制作流程简单、话题性强，深受都市年轻群体的喜爱。

7. 创意剪辑型

创意剪辑型是指短视频创作者不进行素材拍摄，而是利用剪辑技巧和创意，制作精美震撼或幽默滑稽等风格的短视频，有的还会加入解说、评论等元素。

8. 视频日志型

视频日志型短视频就是视频网络日志，即 Vlog（Video Blog）。这是一种源于文字博客的变体，强调时效性，以影像代替文字或照片，"写"个人网络日志，并将其上传至新媒体平台与网友分享。

9.3.2　短视频的特点与要求

1. 时长控制

短视频的时长一般为 15 ~ 60s，由于创作者一般就是拍摄者，所以短视频的内容主要与拍摄者的亲身经历相关。在碎片化观看时代，短视频的时长应严格考量，如何让观众在观看过程中产生代入感，不至于在观看过程中快进、倍速播放是创作者要考虑的。

2. 剪辑专业化

短视频需要在大量视频素材的基础上进行剪辑。观众审美要求的提高对创作者的技术手法、审美水平、设备的专业化提出了一定的要求，同时视频的稳定性和连贯性也不容忽视。

3. 主题先行

尽管短视频反映的是大众的日常生活，但并不代表可以粗制滥造，相反，每一条短视频需要有一个核心主题，内容必须紧贴这个核心主题。即使是以美食、旅行、数码产品开箱或者生活趣事为主题，创作者也需要在真实的基础上给予短视频趣味性、启发性和引导性。

从以上几个方面来看，在内容和形式的"草根"外表下，短视频的制作与创意还是需要精心设计和反复打磨的。同时，强调观赏性会让创作者在用短视频快速交代一个产品或事件时产生如虎添翼的效果，从而吸引更多的流量。

9.3.3　分镜头脚本的写作

尽管短视频记录的是日常生活，但仍然需要记录大量的素材，这倒逼创作者在创作前就要做好拍摄的准备。如果只是简单地拼接一些杂乱的素材，这样的短视频是不太具有传播优势的。一条成熟的短视频仅是制作过程就至少需要几个小时，创作者还需要进行大量的素材拍摄，以及对创作内容进行"头脑风暴"。

虽然手机拍摄视频的功能有限，但是其创作仍然需要严谨和有计划地进行。我们可以从"小"做起，从一个场景开始练习。写分镜头脚本是创作短视频必不可少的前期准备工作。分镜头脚本就好比建筑大厦的蓝图，是摄影师进行拍摄、剪辑师进行后期制作的依据，也是演员和其他创作人员领会创作者意图、理解剧本内容并进行再创作的依据。分镜头脚本的写作方法是从电影分镜头剧本的创作中借鉴来的。写作分镜头脚本时，创作者一般按镜号、镜头角度及运动、景别、画面内容、字幕、音乐音响、时长等的顺序生成表格，分项填写。对普通摄影爱好者而言，写作时的格式也可灵活调整，不必拘泥于表格。

分镜头脚本通常采用表 9-1 所示的形式。

表 9-1 《花田里的蜜蜂》分镜头脚本示例

镜号	镜头角度及运动	景别	画面内容	字幕	音乐音响	时长 /s
1	平视，推镜	远景至近景	镜头在油菜花田中穿过，直至锁定蜜蜂	Logo ＋我想靠近你	Msasa	2.5
2	俯视	近景	蜜蜂采蜜	但又怕伤了我自己	Msasa	2.5
3	仰视	近景	蜜蜂在花丛中跳跃	春天里	Msasa	2.5
4	平视，平移镜头	近景	蜜蜂悬停在空中，减淡	风就是加了蜜的歌	Msasa	2.5

9.3.4 视频拍摄

虽然手机拍视频的功能越来越强大，但它毕竟不是专业设备，所以我们要想拍出好视频，需要知道以下几个简单实用的小技巧。

1. 横置拍摄

双手握持手机，会使机身更稳定，减少画面的抖动。单手竖屏拍视频的效果并不好，现在手机屏幕的长宽比都是 16∶9 或接近此比例，如果竖屏拍摄，画面两侧容易出现大面积黑边，影响观看。此外，竖版视频上传到短视频平台后，会出现画面横置的现象，结果就是观众要歪着脑袋看视频。因此，横置拍摄的效果会好很多，同时固定一种画幅拍摄有利于素材的长期收集和运用。

2. 保持安静

拍摄时，创作者离话筒比较近，呼吸声、手与手机触碰的声音在视频中会显得很大，让观众感觉视频很嘈杂，所以拍摄时应尽量保持安静。

3. 不要频繁变焦与对焦

在用手机拍视频的过程中，创作者重新选择对焦点时，画面会有一个由模糊到清晰的过程，这会破坏素材的流畅度，所以在按下拍摄按钮之前，创作者最好关掉自动追焦的功能，也就是先找好对焦点，避免拍摄中再次对焦。

4. 保持稳定

由于手机轻，手持拍摄时容易发生抖动，所以画面稳定是第一要求，创作者应使用手机稳定器进行拍摄。手机稳定器可以通过陀螺仪精确校准不同轴的运动方向，使手机镜头处于相对平稳的状态，让手机在运动的状态下拍出流畅顺滑的运镜画面。如果没有手机稳定器，也可以借助倚靠大树、墙壁、桌子等物体来稳定手机。

图 9-13 所示为按《花田里的蜜蜂》分镜头脚本拍摄的素材的截图，把拍摄到的蜜蜂采蜜、跳跃和展翅悬停的画面连接到一起，让观众可从多角度观察蜜蜂的采蜜过程，使画面富有视觉张力。

图 9-13　按《花田里的蜜蜂》分镜头脚本拍摄的素材（刘勇 / 摄）

9.3.5　用"剪映"剪辑短视频

手机中的视频剪辑软件比较丰富，如"剪映""一闪""马卡龙"等。必须要承认的是，手机视频剪辑软件的剪辑功能一般都不算强大；而部分剪辑功能强大的软件，其易用性会大打折扣。所以我们可以换一下思路：不要妄想用手机视频剪辑软件代替专业剪辑软件，但是在短视频消费领域，我们可以用手机来处理拍摄的素材，此时你会发现"能用"和"够用"是评判一款视频剪辑软件的重要标准。

剪映是一款手机视频拍摄与美化软件。其允许用户通过简单的操作实现视频的拍摄、视频的导入，以及添加滤镜、贴纸和背景音乐等功能，轻松用手机制作出电影大片，实时记录与分享生活。这款软件的设计思路就是镜头脚本工作方式的娱乐版，值得关注与练习。

剪辑是指将拍摄的素材，经过选择、分解与组接，最终制成一个连贯流畅、含义明确、主题鲜明并有艺术感染力的作品。剪辑包含两个方面——剪与辑，它们相辅相成、不可分割。没有剪，就谈不上辑；而没有辑，也就用不着剪。任何顾此失彼、分离两者关系的理论和做法都是不正确的。把拍摄的素材加以剪裁，并按照一定的结构把它们组接起来，才是剪辑工作的完整过程。而且，不论人们在剪辑上持有什么观念、采取什么手法，剪辑对影片进行再创作的作用都越来越突出。

剪辑可分4个层次：镜头之间组接的剪辑，将若干场面构成段落的剪辑，设置影片整体结构的剪辑，画面素材与音频素材相结合的剪辑。

下面我们以剪映为例，尝试简单的镜头衔接剪辑，做一条短视频，具体步骤如下。

1. 进入界面

在手机里下载完该软件后，点击"打开"按钮，进入"剪映"首页，点击"开始创作"按钮进入导入界面；其中包含你手机图库里的视频、实况照片等素材，选中素材，点击"添加"按钮即可导入素材，如图9-14所示。当然，也可以即时拍摄或调用其中的免费视频素材。但强烈建议先按分镜头脚本拍摄素材，并用手机自带的"相册"编辑功能修剪好素材，以减少文件所占手机内存。

图9-14　剪映的初始界面

2. 安排镜头句型

影视中有一种表现手法叫"蒙太奇手法"，即用许多镜头适当打破时空界线，将故事剪辑组合到一起，以使上下贯通、首尾完整。剪接手法在电影、电视镜头的组接中，表现为一系列镜头经有机组合形成逻辑连贯、富有节奏、含义相对完整的影视片段。常见的镜头句型包括以下几种。

蒙太奇句型有前进式、后退式、环型、穿插式和等同式等。

前进式句型：按全景—中景—近景—特写的顺序组接镜头。

后退式句型：按特写—近景—中景—全景的顺序组接镜头。

环型句型：这种句型将前进式和后退式两种句型结合起来。

穿插式句型：句型的景别变化不是循序渐进的，而是远近交替的。

等同式句型：在一个镜头当中景别不变。

不同的句型可以表达不同的情绪。通常来说，前进式句型用于表现从低沉到高昂的情绪，后退式句型则表现从高昂到低沉的情绪。

本例采用后退式句型，先设下悬疑，抓住观众的眼球，再交代氛围和事件，情绪虽然逐渐衰减，但情景逐步清晰，这是现在流行的剪辑手法。

在剪映中导入素材并进入视频编辑界面后，长按素材即可将其拖曳到任意位置，如图9-15所示。

图 9-15 导入素材，安排镜头句型

3. 精修镜头

每一个镜头包含着时长、被摄对象、场景、运动等诸多要素。创作者在拍摄时均会留有余量，例如运动镜头的起幅和落幅、被摄对象的临时停顿等，这些都可以裁剪修饰。对初学者而言，每一个镜头的时长可以只有 3 ~ 4 秒，不要太长，以免有拖沓之感。如果采用快闪形式，可保持每段素材的时长相同，以便后期让音乐节奏与画面匹配。

当镜头根据分镜头脚本排列好之后，在剪映的视频编辑界面中点击"剪辑"按钮，接着可用"分割""变速""删除""倒放"等命令控制每个镜头的时长与内容（见图9-16）。"分割"可方便地去除运动镜头两端的起幅与落幅，以及静态镜头两端的余量，而多次使用"分割"与"删除"命令则能够删去同一个镜头中的卡顿和瑕疵部分。

图9-16 "剪辑"按钮下的栏目与属性调整

此外，画面的美化和修瑕也是在这一步完成的。在使用手机App剪辑时，无论是"美颜美体"还是"智能抠像"，"一键"模式都是很好的选择，比"调节"功能更便捷，一是人工智能在这些方面已经比较成熟，二是手机较小的屏幕不便于精细化操作。

4. 组接与转场

单个镜头虽然都有一定的含义，但是只有按照剧情的发展有机、自然流畅地组接起来，才能成为一部完整的作品，于是形成了一整套镜头组接方式——显、隐、化、切等。

显，又叫渐显、淡入，就是画面从空白或全黑至渐渐现出。

隐，又叫渐隐、淡出，与显正好相反，就是画面逐渐退隐直至完全消失。若将隐和显结合起来，就会形成明显的间歇感，这就是在告诉观众，这是一个段落的结束和另一个段落的开始。

化，又叫溶或叠化。上一个画面在下一个画面正在显现时渐渐消失叫化出，下一个画面在上一个画面的消失过程中逐渐出现叫化入。化出、化入通常用来表现一些不完整的段落之间的分割。创作者运用化能表现某人或某事在一段相当长的时间内的变化。

切，又叫切换，具体来讲，可分为连续性切换和穿插性切换。连续性切换即后一画面中所表现的动作是前一画面中动作的延续，或者是前一画面中所展现的内容的一部分。它把其中许多不必要表现的过程都"切"去了，使画面不但脉络清晰，而且简洁流畅。穿插性切换与连续性切换不同，后一画面不是前一画面中某一动作的延续，其中的内容也不包括前一画面的某些部分；但它们有内在的联系，在整个故事发展的链条中是可以连接在一起的。

上述镜头（画面）的组接方式只是影视艺术剪辑多种多样手法中的几种。镜头组接归纳起来有两大类：技巧性组接和非技巧性组接。如果画面的组接使用的是隐、显、化等手法，剪辑师在剪辑组接时就需要使用某些光学技巧，因此隐、显、化叫技巧性组接；而切则无须使用任何光学技巧，因此它叫非技巧性组接。

在界面中点击镜头与镜头之间的分段图标，即可进入转场菜单，可以选择手机照片作为转场，也可用 App 提供的模版，如图 9-17 所示。从简便有效的目的出发，我们通常选择"基础转场"中的转场效果，因为它们通用且经典。调节转场时间，即可控制转场缓急。

图 9-17　转场菜单下的样式与属性调整

5. 添加字幕

字幕是指以文字形式显示电视、电影、舞台作品中的对话等非影像内容，也泛指影视作品后期添加的文字。在电影银幕或电视荧光屏下方出现的解说文字及其他种种文字，如影片的片名、演职员表、唱词、对白、说明词、人物介绍、地名和年代等都称为字幕。影视作品的对话字幕一般出现在屏幕下方。

优秀的字幕有以下五大特性。

（1）准确性：无错别字。

（2）一致性：字幕在形式和陈述上一致。

（3）清晰性：音频的完整陈述，包括说话者谈话内容及非谈话内容，均需用字幕清晰呈现。

（4）可读性：字幕出现的时间要足够观众阅读，同时与音频同步且字幕不遮盖画面本身有效内容。

（5）同等性：字幕应完整传达视频素材的内容和创作者意图，二者的重要性等同。

在界面中点击"新建文本"按钮后，可在关键帧插入台词，在编辑面板中输入与修改文本素材，完成后滑动文本素材的两端即可控制字幕的呈现时长。若要添加片头文字或多层文字，可直接在字幕菜单下点击"复制"或"新建文本"按钮，软件将在时间线后新建一个文本层，长按新建的文本层就可以将它拖放到时间轴上的指定位置，以与声音精确同步，如图9-18所示。

图9-18　剪映中解说型字幕的添加方式

6. 添加声音

声音是表达短视频时空结构的基本元素之一。短视频的时空结构是通过视听元素体现出来的，因此我们必须将声音作为短视频时空结构的一部分来设计，使它融入短视频的时空结构。

声音的设计应考虑几个方面：第一，作为主题或动机的作用；第二，在事件或情节发展中的作用；第三，在营造环境气氛中的作用；第四，在刻画人物性格方面的作用；第五，在表达思想感情方面的作用；第六，在节奏上的作用。

人声、自然音响和音乐是声源的3种不同形式，它们都具有传达信息、刻画人物形象、推动事件发展以及展示环境、气氛、时代、地方色彩的功能。在声音构成中，这3种声源形式具有互换性和和谐性。此外，根据声音的来源，声音还可分为剧情声和画外音。

剧情声：发生在故事场景中的声音，包括演员的说话声、客观物体发出的声音等，具有自然、真实的效果。

画外音：发生在故事场景之外的声音，比如添加音乐使故事向前推进是最常见的叙事手法之一，有些电影的声音完全是由画外音构成的。

通常来说，我们用手机录制的声音会忽大忽小，效果并不均衡，所以在剪辑时会关闭视频原声，而采用单独录制的旁白与成品音乐。在剪映界面中点击"音乐"按钮，跳转到音乐库，按风格选用音乐，也可以点击"录音"按钮，自己录制声音。无论你采用哪一种方式为作品添加声音，都可以独立编辑声音的"长短"和"起伏"属性。此外，剪映还提供了丰富的人工智能语音方案，可以在添加文本台词后通过"文本朗读"得到你所需要的后期声音，如图9-19所示。

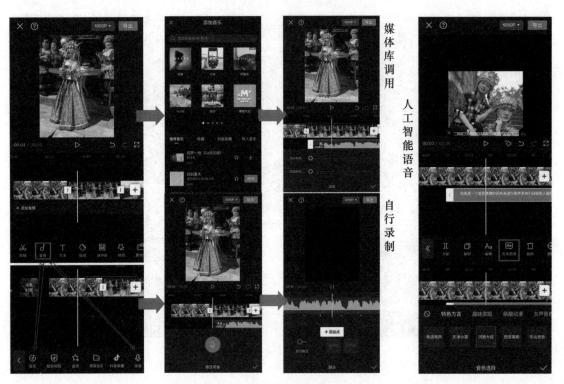

图9-19　剪映中添加声音的方式

9.3.6　短视频发布

短视频素材在经过添加字幕、添加声音等流程后，就可以发布在网络平台或播放媒体上了。当今环境下，短视频是一种非常受欢迎的资源共享方式和交流方式，通过网络服务商提供的服务，每个人都可以轻松创作和传播自己的作品，我们在享有这种创作自由和传播自由的同时一定要注意对自己和他人著作权的保护。短视频的著作权和传统著作权一样，包括人身权利和财产权利两部分。

（1）人身权利。它是指权利人对作品拥有的与人身密切相关的利害关系。这种权利只有本人才可以享有，是本人的一项重要权利，任何人都不能非法占有或不法侵害该项权利。

（2）财产权利。它是指权利人自己使用或允许他人使用过程中获得的金钱方面利益的权利。

为了避免各类侵权事件的发生，创作者要取得被摄对象的肖像授权书和其他被引用媒体的使用授权书，他人使用自己的视频时也要求他人具有授权书。剪映在发布视频前为我们提供了"版权校验"功能，以减少侵权事件的发生。

本章实践指导

按分镜头脚本拍摄可让创作者养成良好的创作习惯，也有利于团队进行各项工作的沟通。分镜头脚本示例如表 9-2 所示。

表 9-2 《一个人的晚餐》分镜头脚本示例

镜号	画面内容	景别 / 拍摄角度 / 运镜方式	字幕	时长 /s
1	打开冰箱，取出鸡蛋、面粉	近景	以为自己是勇敢的，总把快乐挂在脸上，其实内心的另一端已经接受了生活的平淡。一个人在城市生活，时常会没有安全感。一个人的晚餐，就像自我保护的铠甲	4
2	搅拌	近景		4
3	揉面	特写		4
4	切面条	特写		4
5	在餐桌前品尝做好的面条	近景，正侧面	如果回忆是一种味道，那一定来自故乡的土地和山峦。思念与距离没有关系，那只是骨血里的有借有还；成熟，就是要学会承担	10
6	在计算机前工作，喝一口咖啡	近景，正侧面	生活给予我们磨砺不是让人习惯孤单，而是让我们学会为自己加油呐喊	4
7	在沙发上阅读	中景，从左至右移动镜头		4
8	黑场，显示工作人员表	—	—	4

思考与练习

1. 用手机摄影作品记录你的生活，可配上简短的文字描述。

2. 拍摄一则短视频，描述你的性格。

第 10 章

摄影前沿知识

快速进步的科技与日新月异的生活观念，促使影像系统变得越来越复杂、越来越专业。例如，网络商城每天可以更新上万条商品图文信息并将其精准地推荐给购买人；热爱生活的你需要留存并分享极限运动时的紧张与刺激；新闻记者需要在道路瘫痪的情况下获得第一手资料……这些新型的影像生产需求，使得当代摄影的任务不再是"决定性瞬间"的图像再现，而是全方位的艺术与服务相结合，为人们提供更便捷的影像服务，进而催生了人工智能摄影、无人机摄影等新的摄影方式。

10.1　人工智能摄影

近年来，摄影技术的最令人印象深刻的进步不是传感器或透镜上的进步，而是其与人工智能技术越来越紧密的结合。本节将用到了人工智能技术的摄影技术统称为人工智能摄影，人工智能摄影在前期拍摄和后期处理中都有广泛应用，在电商等具体产业中也发挥了重要作用。要坚持以推动高质量发展为主题，构建新一代信息技术、人工智能、生物技术、新能源、新材料、高端装备、绿色环保等一批新的增长引擎。

10.1.1　人工智能摄影在拍摄中的应用

摄影有时是一项危险、紧张、精密的工作，例如水下摄影，摄影师携带有防护罩的摄影机和潜水装备，潜入水中直接拍摄。水下摄影可真实地反映水下景象，对研究水生动植物的生活、海底和河床的地质情况、考古等领域具有极高的价值。但通常我们只能下潜40m，且时间有限。特殊的环境和工况促使人们开发了智能机械设备代替人类完成超越身体极限的摄影工作。智能化拍摄系统通常在精准拍摄、物体跟踪、无轨移动、微距拍摄、高速旋转拍摄角度等方面超越了传统拍摄，带给我们前所未见的世界。

英国马克·罗伯茨运动控制（Mark Roberts Motion Control，MRMC）公司的 BOLT 运动控制系统被广泛应用于智能化拍摄，它主要用于广告和电影的高速拍摄，以及特效和动画的追踪，如图 10-1 所示。

图 10-1　BOLT 运动控制系统

10.1.2　人工智能摄影在后期处理中的应用

　　在传统摄影时代，我们总期望镜头功能、滤镜种类足够丰富，但在具体操作设备时，它们都有物理上的限制，尤其在将整个光学系统塞进纤薄的移动设备时，这个问题尤为明显。人工智能和机器学习支持下的影像系统可以说对图像的捕获和修饰方式产生了革命性的影响。如今，手机在某些情况下拍出比很多专业相机设备更好的照片并不罕见，尤其在后期处理方面，手机可以借助计算摄影（Computational Photography）技术轻松完成。计算摄影涵盖了从手机人像模式中的假景深效果到有助于改善图像质量的算法的所有内容。当然，并非所有的计算摄影都涉及人工智能，但人工智能肯定是其中的一个重要组成部分。

　　1. 手机模拟大光圈人像景深效果

　　苹果手机通过驱动双摄像头的纵向模式来模拟大光圈人像景深效果，如图 10-2 所示。苹果手机的图像信号处理器使用机器学习技术，通过一个摄像头识别人，而通过另一个摄像头创建深度图以帮助分隔被摄对象和模糊背景。虽然通过机器学习识别人并不是什么新鲜事，因为照片组织软件已经在做这件事了，但这一功能运用在智能手机摄像头所需的实时管理上，仍然是一个突破。

　　2. 美图秀秀图像处理

　　美图公司创始人吴欣鸿发现，人人都爱摄影，但只有不到 5% 的专业用户可以熟练掌握 Photoshop 等专业图片处理软件的用法，于是他抱着"做一款简单的图片处理软件，让所

图 10-2　苹果手机模拟大光圈人像景深效果

图 10-3　美图公司产品

有用户都能把照片变得更好看"的想法，开始了全新的尝试。

　　美图公司注重在计算机视觉、深度学习、计算机图形学等人工智能相关领域的研发，尤其在人脸识别、人体技术、图像识别、图像处理、图像生成等核心技术领域取得了良好的成果，美图秀秀、美颜相机、美拍等均为其旗下产品，如图 10-3 所示。

　　2008 年，美图秀秀 PC 版正式上线。此后，美图秀秀还将产品从 PC 端拓展到移动端，从软件拓展到硬件及云端。美图秀秀与 Photoshop 一样，本质是对位图色阶与位置的运算，但与 Photoshop 相较，它能更智能地寻找五官及重要的位置，从而减少了人工选区的麻烦，在附带海量模板的情况下，让用户能够一键调出不同的摄影调性。但是为了创造自己的摄影风格，用户通常秉持"整体—细节—整体"的艺术创作法则来处理图像。

　　用美图秀秀 App 进行后期处理的示例如下。

　　（1）打开美图秀秀 App，点击"图片美化"按钮（见图 10-4），选择要处理的图片。当然，也可以点击"相机"按钮，直接拍摄。

　　（2）选择图片，根据预期效果设计操作流程。图 10-5 所示的图片最大的缺陷是人物太居中，头部上方的空间太大，此外，被摄对象觉得自己眼部有黑眼圈，还被拍胖了……那么操作流程大致就是裁剪图片—调整色调—修饰面部—修饰身形—添加文字。

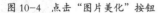

图 10-4　点击"图片美化"按钮

图 10-5　原始图片

　　（3）点击"编辑"—"裁剪"按钮，根据需要裁剪图片，仔细调整并进行二次构图。本例的预期效果是杂志封面型海报，所以我们保持原始构图比例，但将被摄对象的面部放到图片左侧 1/3 处，右侧用于放置文字，头部上方的空间尽量小一些，以营造亲切感，如图 10-6 和图 10-7 所示。

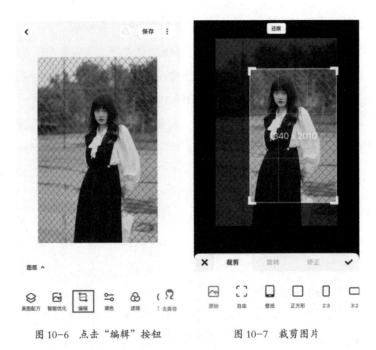

图 10-6 点击"编辑"按钮   图 10-7 裁剪图片

（4）裁剪出图片后，点击"智能优化"按钮，如图 10-8 所示。"智能优化"的优势是它能进行复杂运算，所以可以先尽可能利用"智能优化"进行处理。美图秀秀的"智能优化"包含了"自动识别图像内容""自动色阶""色温平衡""自动饱和度""面部皮肤美白"等复杂运算。调动红色程度调节按钮，可得到不同效果的图像。如果需要进行深度局部修改，可点击"去美容"按钮。

（5）进入"美容"界面后，可见"美妆""面部重塑""瘦脸瘦身""增高塑形"等按钮。我们在此处点击"美妆"按钮，如图 10-9 所示，毕竟面部是观众关注的重点。此时，双指触屏放大被摄对象的影像，以便观察其面部的调整效果，如图 10-10 所示。

图 10-8 点击"智能优化"按钮   图 10-9 点击"美妆"按钮   图 10-10 放大被摄对象

（6）分别点击"眉毛"与"口红"按钮进行微调，如图 10-11 和图 10-12 所示。此时，App 对眉毛与唇区进行替换运算，适配所选的眉形与唇色，省去了使用 Photoshop 软件所需的人工选区与通道填充等复杂操作。

图 10-11　微调"眉毛"　　　　　图 10-12　微调"口红"

（7）调整结束后，点击"√"确认，回到"美容"界面，根被摄对象的要求，进行"瘦脸瘦身"操作。点击"瘦脸瘦身"按钮，如图 10-13 所示。根据图片大小，调整笔刷大小，直接在图片上"挤压"，即可对画面上被摄对象的腰腹或脸庞进行调整，如图 10-14 所示。操作时应尽量放大图片，将笔刷靠近轮廓，防止背景挤压变形导致露馅。

图 10-13　点击"瘦脸瘦身"按钮　　　　　图 10-14　"挤压"调整

（8）调整结束后，点击"√"确认，回到"美容"界面。点击"去美化"按钮切换至初始界面，点击"美图配方"按钮进行最后的图片装饰。因为我们前期的预期效果是杂志封面型海报，所以选择样式3，如图10-15所示。根据版式设计原理，拖曳文字，将文字移至边缘并对齐，形成疏密有致的整体效果即可，如图10-16所示。

图10-15　选择样式　　　　　　　　　　图10-16　调整文字

（9）所有操作完成后，点击右上方的"保存"按钮，即可将调整好的图片保存在相册中，如图10-17所示。最终图片如图10-18所示。与前期的Photoshop操作相比，我们可以发现，在人工智能的加持下，修图变得非常轻松便捷。随着手机运算能力的增强，修图效率快速提高。同时，在人工智能日益普及、个性化表达日益丰富的背景下，前期拍摄的基础性影像质量、统筹设计也变得更为重要。

图10-17　保存图片　　　　　　　　　　图10-18　最终图片

10.1.3 人工智能摄影在电商产业中的应用

电商产业的竞争日趋白热化，其对商品图像等内容信息进行高效利用的需求不断增加。在人工智能摄影技术的支持下，电商产业化图像系统应运而生，如图 10-19 所示。

图 10-19 电商产业化图像系统（由慕光云图公司提供）

电商产业化图像系统一般包括条码扫描系统、智能称重扫描系统、智能拍摄系统和增强现实制作系统。

1. 条码扫描系统

在仓库管理中引入条码扫描系统，该系统通过对条码信息的智能识别，对商品各个作业环节的数据进行自动化采集，以保证各个作业环节数据输入的高效率和准确性。

2. 智能称重扫描系统

智能称重扫描系统可以快速、简单又准确地识别被管理商品的信息。智能称重扫描系统往往会用到 Weiss Scan 小推车，如图 10-20 所示。Weiss Scan 小推车可游走于仓库间，测量 1mm×1mm×1mm 至 90cm×60cm×60cm，2g ～ 25kg 的商品，并自动把所测数据同步到图像文件中，从而减少人工测量和输入的工作量及误差。

3. 智能拍摄系统

智能拍摄系统由一套全自动的通用型带自动摇臂的拍摄云台组成，可 360° 旋转拍摄图像和高精度扫描 3D 材质数据，其采集效率极高，每日可轻松完成近 300 件商品的数据采集任务。PhotoRobot 公司的智能拍摄系统如图 10-21 所示。

图 10-20　Weiss Scan 小推车　　　　　　图 10-21　PhotoRobot 公司的智能拍摄系统

4. 增强现实制作系统

增强现实制作系统可借助大量的商品图像信息，对商品进行 3D 建模，全方位、立体化展示商品，给用户带来身临其境般的体验。利用 PhotoRobot 公司的云图系统可观看增强现实制作系统生成的商品各角度的旋转图像，如图 10-22 所示。

图 10-22　PhotoRobot 公司的云图系统

电商产业化图像系统具备以下优势。

1. 工作量及物流效率高

每个拍摄工位每天可以拍摄 300 ～ 400 套商品的旋转图像，从而生成超过 20000 幅多角度、高精度图像。

2. 支持管理流水线中的自动化摄影

不需要摄影师，操作员将商品放置在旋转台或者摄影区域，机械臂就可自动对商品进行多角度拍摄。

3. 物理商品与电子档案同步

云图系统在扫码、记录尺寸、称重以及自动化拍摄的每一个步骤中都会将物理商品与云端的图像数据化档案紧密关联。

4. 共享数据

工厂、零售商、物流公司以及销售或营销公司都可以在权限允许的情况下共享数据，实时查看商品的细节图片，并且同步推进商品落地市场。

5. 节省成像、图像储存与数据管理成本

图片实时上传视觉管理系统，客户无须花费较多的时间和金钱进行数据库管理或档案归类。

10.2 无人机摄影

微课视频

在民用图像领域，无人机摄影是智能化拍摄技术的集中体现。无人机摄影使用无人机作为空中平台机载遥感设备，利用高分辨率 CCD 数码相机、轻型光学相机、红外扫描仪、激光扫描仪、磁测仪等获取信息，用计算机对图像信息进行处理，并按照一定精度要求制作图像。它集成了高空拍摄、遥控、遥测技术、视频影像微波传输和计算机影像信息处理的新型应用技术。无人机摄影在农业植保、灾难救援、野生动物观察、传染病监控、测绘、新闻报道、电力巡检、影视拍摄等领域有着刚性需求，世界各国（地区）都在积极扩展应用与发展无人机技术。2018 年 9 月，世界海关组织协调制度委员会第 62 次会议决定，将无人机归类为"会飞的相机"。

深圳市大疆创新科技有限公司（DJ-Innovations， DJI）（后简称"大疆"）是全球领先的无人飞行器控制系统及无人机解决方案的研发和生产商，除了无人机外，大疆还提供其他智能飞控产品和影像解决方案。大疆发布的航拍小飞机御 Mavic Mini（见图 10-23）和旗舰航拍机 DJI Mavic 3（见图 10-24）都是广受欢迎的机型。

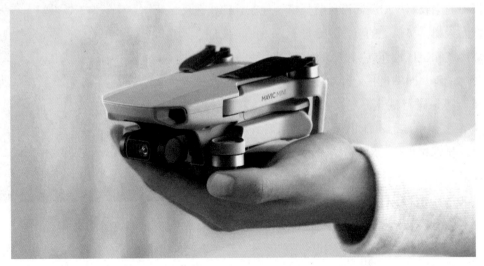

图 10-23 御 Mavic Mini

图 10-24　DJI Mavic 3

　　每一台无人机都有其工作目标，所以每台无人机都"身怀绝技"，或是能让你一键将眼前的美景拍成大片（见图 10-25），或是能让你享受畅爽的沉浸式飞行。只有了解其工作原理，才能利用它们探索世界。选择无人机时需要对以下几个方面进行综合考虑。

1. 飞行的稳定性与可靠性

　　飞行的稳定性与可靠性是选择无人机时的首要考虑因素。飞行操作需要稳定的飞行技术支持，飞行智能控制系统是核心要素。无人机的控制系统越智能，我们在应对一些拍摄中的突发状况时就越有可能凭借智能设计的快速反应降低无人机"坠机"的概率。选择无人机时，应首选具备避障功能和抗风性能的机型。除此之外，无人机在丢失信号及电量不足时的自主返程功能也是非常必要的。挑选无人机时可以进行试飞，观察无人机在起飞和悬停时的动态是否协调精准，不能出现晃动及前后移动的情况；再进行推拉摇杆操作，看无人机能否快速响应起飞 / 停止信号。

2. 迅捷的图传系统

　　图传系统是操作无人机航拍时必不可少的，我们接收

图 10-25　《漓江之晨》（赵文君 / 摄）

到无人机拍摄的画面也是靠无人机的图传系统。它负责把相机拍摄到的画面实时传输到接收设备上，以便观看。操控无人机飞行的时候，一旦无人机从我们的视野里消失，我们就非常依赖

图传系统来操控无人机的飞行方向及开展拍摄工作。因此，迅捷的图传系统是我们进行准确操作的必要条件。

从图传画质方面来看，主流的无人机的画质以 360 ～ 480p 为主，一些级别较高的无人机可达到 720p 的高清画质。在图传距离方面，无人机的差异很大，这是需要我们认真斟酌的，在选择无人机时要考虑操作环境的限制和实际的拍摄需求。普通娱乐型图传系统依赖手机网络环境，空旷环境下手机操作的无人机图传系统的有效工作距离大都在 100m 以内，但如果无人机拥有独立的图传系统，则图传距离可达 3000m，更有甚者可达 15000m。

3. 高清高效的影像系统

尽管无人机技术在不断进步，但是无人机的负载仍然有限，因此不能搭载大多数的专业镜头。所以针对无人机镜头，我们一定要尽可能选择专业公司开发的专用镜头，毕竟镜头的清晰度决定了成像质量。无人机的影像分辨率是另一重要因素，1080p 的超高清画质是必备的，若是能达到 2K 或 8K 就更好了。在选购无人机的时候，还需注意无人机的分辨率及低光下拍摄的成像质量，视频流畅度的帧数也是衡量影像系统的重要指标。

4. 续航能力

谁也不愿意航拍进行得正顺利时却因为无人机电量告急而停止拍摄，无人机的续航能力也是我们购买时应考虑的一个因素。一般来说，无人机的续航时间在 25 分钟以上为宜。无人机的续航能力和飞行时间与我们携带的无人机本身的电池容量相关，所以我们购买无人机时可以多买一块备用电池，同时选择多功能的充电设备，比如车载充电器，这样就可以在野外解决续航问题。

5. 便携性

便携性同样是购买一台无人机时应考虑的因素之一，功能强大化、体积小型化是无人机进化的方向。不管是工作还是游玩，我们都不愿携带比较笨重的无人机，且小巧的无人机更能通过狭小的空间，带来不一样的视觉效果。但无人机并不是越小越好，小型无人机的对角线轴距一般为 290mm 左右，但同时它的抗风能力弱，飞得越高其稳定性就越差；而大型无人机的轴距可以达到 460mm，它的抗风能力较强，从而能更稳定地拍摄。如果想要兼顾轻重量和画面的稳定性，中型折叠型无人机也是一个不错的选择，它很好地解决了稳定性与便携性之间的矛盾，只是展开时会有些麻烦。

要获得较好的无人机拍摄效果，拍摄时需要注意以下事项。

1. 尽量正飞

保持你的面部与无人机的飞行方向一致，以便控制无人机的飞行。尽管飞行时你需要一直盯着飞行器，但只要飞行器一直处于视线范围内，你就可以更容易地获得质量好的视频片段，也能较方便地使用手柄操控无人机的飞行速度和飞行方向。

2. 尽量顺光飞行

传统大型直升机顺光飞行尽管会有好的光影效果，但飞机巨大的投影会出现在画面中，观众的代入感极差；逆光飞行时，阳光穿透螺旋桨时有时会刚好在视频或者照片上形成条纹面，画面总是不够完美。无人机因为体积小巧，可以很好地避免这些问题。我们应尽量顺光飞行，以求画面清晰；假如需要逆光飞行，在无人机的镜头前加装遮光罩即可。

3. 控制飞行速度

控制飞行速度很重要：首先我们在使用无人机拍摄视频时，要避免突然加速或减速，否则拍摄的视频会出现明显的卡顿；其次在条件允许的情况下尽量飞慢一点，因为我们在后期可以加快视频的播放速度，但如果是快速飞行，调慢视频的播放速度且不影响画面流畅度则比较难。

4. 调整相机

在大疆新的 Phantom 系列中，由于遥控器的改进，我们不必再在手机或者平板电脑上调整相机的角度了，这样就可以一边遥控一边用食指在遥控器上调整相机角度。这个技巧能帮助操控者拍出很酷的视频。大疆更高级的 Inspire 系列甚至搭配了双遥控器，可以一个人控制飞行器，另一个人控制相机，更方便运镜。

大疆无人机的飞行技巧可在大疆的慧飞云课堂平台上免费学习。我们在使用无人机时需要遵守一定的安全飞行准则，如图 10-26 所示。

安全飞行准则

遵守当地法律法规，飞行前查询相关法律条文

在空旷空间和视距范围内飞行，出于安全考虑，切勿在人、动物或行驶中的车辆上方飞行

在安全高度飞行，远离高层建筑

保持清醒，请勿酒后执行飞行任务

保持全程用双手控制遥控器

获取良好的GPS信号后再起飞

在飞行前应检查配件和机身，并确保其外观完好、设备电量充足

参考飞行培训课程，在飞行模拟器中加强练习

图 10-26　安全飞行准则

思考与练习

1. 使用美图秀秀对人像照片进行美化。

2. 在大疆的慧飞云课堂平台上进行无人机模拟飞行。

参考文献

[1] 美国纽约摄影学院. 美国纽约摄影学院摄影教材 [M]. 北京：中国摄影出版社，2010.

[2] 汉特，比韦，富卡，等. 室内摄影用光教程 [M]. 刘炳燕，译. 北京：人民邮电出版社，2008.

[3] 巴内克，巴雷克. 人像摄影经典教程 [M]. 叶佩萱，译. 北京：人民邮电出版社，2014.

[4] 邵丽华. 美术摄影 [M]. 重庆：西南师范大学出版社，2015.